LE
CRESSON

PAR

A<small>D</small>. CHATIN

Docteur ès-Sciences et en Médecine,
Professeur de Botanique à l'École supérieure de Pharmacie de Paris,
Membre de l'Académie Impériale de Médecine,
Pharmacien en chef de l'Hôtel-Dieu,
Membre du Conseil (Comité d'Agriculture) de la Société d'Encouragemen
du Conseil de la Société Impériale d'Acclimation, etc.

PARIS

LIBRAIRIE MÉDICALE   LIBRAIRIE AGRICOLE
DE J.-B. BAILLIÈRE & FILS ‖ DE BOUCHARD-HUZARD

1866

LE CRESSON

DU MÊME AUTEUR :

Anatomie comparée des végétaux, 3 volumes grand in-8, et 300 planches gravées sur cuivre. 30 livraisons à 7 fr. 50 cent. l'une.

Treize livraisons (plantes parasites et plantes aquatiques) sont en vente.

VERSAILLES. — IMPRIMERIE CERF, 59, RUE DU PLESSIS

LE

CRESSON

PAR

A_{d.} CHATIN

Docteur ès-Sciences et en Médecine,
Professeur de Botanique à l'École supérieure de Pharmacie de Paris,
Membre de l'Académie Impériale de Médecine,
Pharmacien en chef de l'Hôtel-Dieu,
Membre du Conseil (Comité d'Agriculture) de la Société d'Encouragemen
du Conseil de la Société Impériale d'Acclimatation, etc.

PARIS

LIBRAIRIE MÉDICALE   LIBRAIRIE AGRICOLE

DE J.-B. BAILLIÈRE & FILS | **DE BOUCHARD-HUZARD**

1866

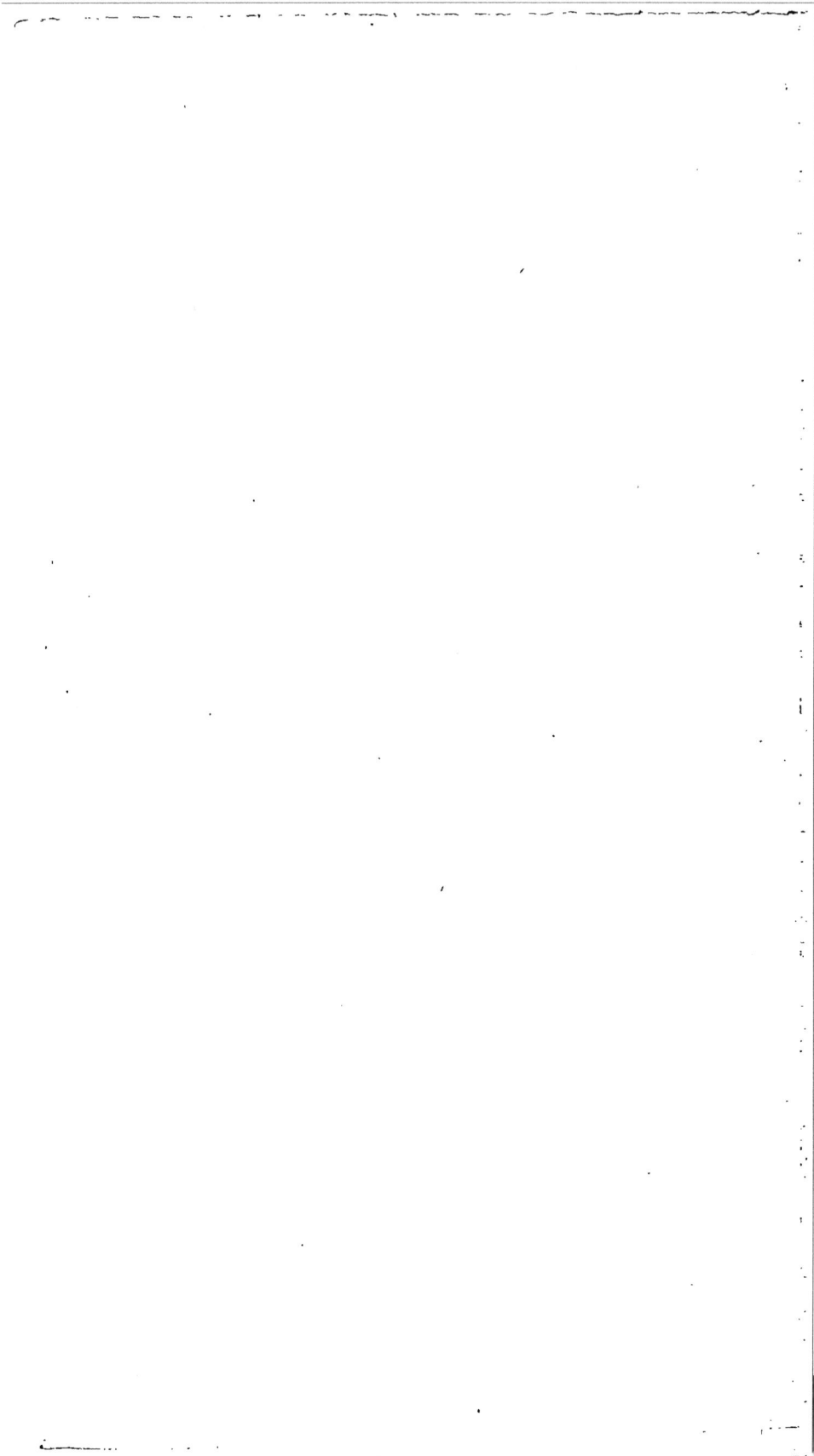

LE CRESSON

SA CULTURE ET SES APPLICATIONS

MÉDICALES ET ALIMENTAIRES

Le Cresson a été le point de départ de cette longue
série de recherches sur l'iode qui m'a occupé pendant plus de cinq ans. J'ai raconté comment, ayant
lu dans un livre peu consulté par les chimistes, le
Vegetable Kingdom, de Lindley, que le Cresson con-
tenait, suivant Müller, de l'iode, je me hâtai de sou-
mettre à des recherches de vérification ce fait qui
pouvait, ou être accidentel, et dès lors n'avoir aucune importance, ou être constant, et en ce cas con-
courir à expliquer les propriétés médicales attribuées
à la plante. Je retrouvai facilement (car la proportion
du corps cherché est notable), même par le simple
lessivage des cendres et l'application des réactifs à la

1

solution saline complexe, l'iode signalé par Müller.
Du Cresson à la généralité des plantes d'eau douce,
de ces plantes aux eaux elles-mêmes, du produit
distillé et iodifère de ces dernières à l'air toujours
rempli des vapeurs qui s'élèvent de la terre en em--
portant l'iode des eaux avec elles, des eaux pluviales
iodées aux plantes terrestres qu'elles arrosent, etc.,
le passage était naturel, inévitable. On comprend
que, par une sorte de reconnaissance envers la plante
qui avait été mon point de départ pour la découverte
de l'iode dans presque tous les corps fixes du globe,
dans l'atmosphère et jusque dans les aérolithes, ces
produits d'un autre monde, j'aie été porté à lui con-
sacrer un travail spécial. D'autres motifs m'y con--
viaient, d'ailleurs. J'avais reconnu, dès le commencement de mes recherches, que le Cresson de diverses
provenances n'est pas également ioduré, et il me
parut d'autant plus intéressant de scruter les causes,
les lois, peut-être, de ces différences dans la proportion d'iode, qu'il était vraisemblable que les résultats
obtenus sur une seule plante seraient, dans leur
généralité, applicables à toutes celles placées dans
des conditions semblables.

Que, de plus, on considère que le Cresson occupe
une des premières places entre les espèces médicinales (ce qu'il doit à la variété et à la juste propor-

tion de ses principes actifs), qu'il est devenu, depuis
un certain nombre d'années, surtout, une matière
alimentaire et agricole d'une véritable importance,
et on reconnaîtra qu'il avait plus de titres que toute
autre plante, à être pris comme base d'études ayant
pour objet l'appréciation de l'influence que la culture
et les eaux peuvent avoir immédiatement sur la composition chimique, et, par suite, sur les qualités médicales et alimentaires. J'ose d'ailleurs espérer que
les observations que j'ai faites, au point de vue spécial de la culture, dans mes nombreuses visites aux
cressonnières qui alimentent Paris, pourront être de
quelque utilité, ne serait-ce que pour leurs propres
besoins, aux personnes placées dans des circonstances favorables pour se livrer à la culture d'une plante
chaque jour mieux appréciée, non-seulement par la
médecine proprement dite, mais aussi par l'hygiène
et l'économie domestique, qui trouvent en elle un
aliment sain et réparateur.

§ I

BOTANIQUE

CRESSON, CRESSON OFFICINAL, CRESSON DE FON-
TAINE; *Nasturtium officinale*, R. Br., *Kew*, ed. 2, IV,
p. 110; *Sisymbrium Nasturtium*, L., *Spec.*, 916; Smith,
Engl. bot., t. 855; D.C. *Syst.*, II, p. 188, et *Prodr.*, 1, p.
137; *Fl. Dan.*, t. 690.

Le Cresson, *Nasturtium aquaticum* des officines,
croit en Europe, par tout l'Orient, en Amérique,
dans l'Asie méridionale, et, on peut dire, dans toutes
les régions froides, tempérées et tempérées-chaudes
de l'univers, où la Providence semble s'être plue à
le répandre; il est vivace et habite les lieux à demi-
inondés. Les racines sont nombreuses, grêles et
blanches, et la tige, couchée-radicante dans sa portion inférieure, et émettant souvent des rejets radi-
cants, est le plus souvent haute de 20-60 centi-

mètres, épaisse, succulente, glabre, striée, fis-
tuleuse, verte ou rougeâtre, rameuse du haut ; les
feuilles, d'un beau vert et alternes, sont pinnati-
séquées, à segments oblongs, ovales, obovales ou
subcordiformes étalés, entiers ou un peu sinués,
parfois dentés ou lobés, le terminal plus grand; les
fleurs, blanches et portées sur des pédicelles de
6-8 millimètres de long, sont petites, blanches et
disposées en grappes lâches à la partie supérieure
des rameaux. Chacune d'elles a, d'ailleurs, un calice à 4 sépales ovales, obtus, concaves (mais non
gibbeux) et dressés; 4 pétales à peu près une fois
plus longs que le calice, égaux, à onglets dressés et
à limbe étalé, arrondi, obtus, entier; 6 étamiñes,
dont 4 plus grandes et rapprochées par paires, les
2 autres solitaires et plus courtes; 2 petites glandes
à la base interne des étamines solitaires; un ovaire
allongé, surmonté d'un style court, gros, épaissi à
sa partie supérieure, que couronne un stigmate
bilobé. Le fruit est une silique presque cylindrique,
plus ou moins arquée, n'ayant pas ordinairement
plus de 10 millimètres de longueur, et terminée par
une pointe très-obtuse.

Les graines, irrégulièrement disposées sur 2-4
séries longitudinales, sont comprimées.

Le Cresson appartient au genre *Nasturtium*,

fondé aux dépens du *Sisymbrium* par l'illustre pharmacien anglais R. Brown, qui a attribué au premier les espèces à graines aplaties et disposées sur
2 à 4 rangs, laissant au second les vrais *Sisymbrium* que caractérisent leurs graines subarrondies-anguleuses, placées sur une seule série.

Les deux genres diffèrent encore par un caractère
important qui se lie d'ailleurs à la forme générale
des graines; les *Nasturtium* étant des crucifères
PLEURORHIZÉES, c'est-à-dire à radicule couchée sur la
commissure des feuilles cotylédonaires, pendant que
les *Sisymbrium* sont, comme les *Erysimum*, des
crucifères NOTORHIZÉES ou à radicule couchée sur le
dos même de l'un des cotylédons.

Le *Nasturtium officinale* compterait, suivant les
auteurs, outre le type, deux variétés, savoir :

Var. A. *siifolium* (*N. siifolium*, Rchb., *Icones fl.
Germ.*, f. 43, 51). Cette plante paraît devoir être
admise comme espèce en raison de sa force plus
grande, des lobes oblongs ou ovales-lancéolés de ses
feuilles, et de la petitesse habituelle du lobe terminal. Il faut se garder de confondre avec l'espèce de
Reichenbach une simple forme du Cresson commun
qui croît dans les eaux profondes.

Var. B. *Præcocius; Cress. Early Water* (des Anglais). Cette variété, plus précoce que le type, en diffère d'ailleurs à peine. (Petiver, *Herb. brit.*, t. 47, fig. 3).

Var. C. *Chilense*. Plante du Chili (*dubia tetra-dynamia siliquosa*, Ruiz et Pavon, *in herb. Lamb.* ; Cl. Gay, *Flora Chil.*, I, 118) à quatre paires de folioles oblongues, entières, subauriculées. Cette plante est commune dans les ruisseaux, etc., où croît aussi l'espèce type.

La culture a apporté au type quelques modifications, dont les principales et les plus utiles portent sur l'ampleur plus grande des folioles, sur l'accroissement du nombre des feuilles et leur rapprochement les unes des autres. Mais loin que le développement de la feuille porte également sur toutes les parties de celle-ci, il arrive souvent que le lobe terminal seul (ovale-cordiforme) augmente d'étendue, tandis que les lobes latéraux (ovales ou oblongs), ou restent stationnaires, ou diminuent d'étendue, ou même avortent tout à fait. En même temps que la lame de la feuille prend des dimensions plus grandes, un phé—nomène inverse a lieu pour le pétiole, lequel devient plus court, en même temps qu'il augmente d'épaisseur.

Plusieurs *races* peuvent d'ailleurs être distinguées dans les plantes cultivées. J'en énumérerai trois, entre lesquelles les caractères sont faciles à saisir :

Première race, race Billet ou race de Gonesse et de Duvy, CRESSON CHARNU. Obtenue par des semis et des sélections faits avec intelligence par M. Billet, propriétaire des importantes cressonnières du Moulin de la Planche, près Gonesse, et de celles non moins considérables de Duvy, ancien duché de Valois, cette race est caractérisée : (*a*) par ses tiges plus robustes, (*b*) par ses pétioles plus gros, (*c*) par la lame de ses feuilles plus épaisse et d'un vert plus foncé, (*d*) par la coloration rouge-brun très-prononcée (du côté de la face supérieure des feuilles) des nervures et de la portion terminale du pétiole, souvent aussi du parenchyme lui-même (1), (*e*) par la saveur plus piquante de toutes ses parties, (*f*) enfin par la propriété relativement plus développée qu'ont ses parties vertes de se foncer en couleur quand on les fait cuire. Le Cresson Billet est longtemps à se faner ou flétrir, qualité qui le fait rechercher des marchands, même à un prix supérieur.

La nature ferrugineuse des eaux, l'abondance et le choix tout particulier des engrais, ont sans doute contribué à la production de cette précieuse race.

Deuxième race, race commune ou CRESSON A FEUIL-

(1) C'est principalement sous l'influence du froid de l'hiver que le Cresson se colore.

LES MINCES. — Ce Cresson diffère du précédent par ses tiges et ses pétioles assez grêles, par les feuilles minces, promptes à se flétrir et d'un vert-clair passant parfois au jaunâtre, par le peu de développement ou même l'absence complète de la couleur rouge–brun, par la moindre proportion du principe de saveur piquante et par la propriété de rester vert après la coction.

Troisième race, race dégénérée ou CRESSON GAUFRÉ. — Ce Cresson, dont on trouve çà et là quelques représentants dans la plupart des cultures, et que j'ai surtout observé dans les cressionnières herbeuses, mal fumées et presque abandonnées (en été surtout) des environs de Mitry-Mory, a les tiges peu robustes, les pétioles allongés, les feuilles distantes, les folioles amincies, tachées et sinuées-gaufrées ou, suivant l'expression des cressonniers , *tuyautées*. C'est la race la moins productive et la moins estimée sur les marchés.

Je ne quitterai pas l'histoire botanique du Cresson sans rappeler les curieuses observations auxquelles il a donné lieu sous le rapport de la reproduction de la plante entière par de simples fragments de feuilles. Ces remarques se rattachent d'ailleurs à un mode anormal de multiplication, qui a beaucoup occupé les savants, ceux surtout qui avaient quelque

1.

répugnance à admettre que la feuille, simple appendice, pût donner naissance à l'axe ou au corps même des plantes.

M. Picard Jourdain, d'Abbeville, ayant vu des feuilles ou plutôt des folioles de Cresson flotter à la surface de l'eau, fut frappé de ce fait. L'étude qu'il en fit le conduisit aux observations suivantes, sur lesquelles Turpin appela un peu plus tard, au nom même de Picard, qui, ainsi qu'il le déclare, lui avait envoyé un grand nombre d'échantillons vivants, l'attention de l'Académie des sciences (1).

Une larve, qui appartient à une espèce de Phrygane très-commune dans les eaux pures des ruisseaux et des étangs où croît le Cresson, coupe par petits tronçons, à l'aide de ses mâchoires tranchantes, le pétiole ou la queue de la feuille; puis, agglutinant les divers fragments avec une humeur qu'elle sécrète, elle s'en forme un fourreau, sorte de maison dans laquelle elle abritera, au sein des eaux, son corps délicat. Parfois la Phrygane, surtout si elle habite les eaux courantes, agglutine à la surface de son fourreau des graines, de petits cailloux, de petites coquilles, telles que celles de

(1) Picard Jourdain, *Bulletin de la Société Linnéenne du nord de la France,* t. I, 1840 ; Turpin, *Comptes rendus de l'Académie des sciences,* t. IX, 1839.

Planorbes, de Bulimes, de Tellines, contenant leurs mollusques vivants; mais ces coquilles sont si bien attachées, qu'il n'est pas possible à leur vrai propriétaire de les séparer de la maison de la Phrygane, dont leurs propres maisonnettes font le revêtement.

Réaumur a dit, en parlant de l'appareil dont se revêtent les Phryganes :

« Ces sortes d'habits sont très-jolis, mais ils sont
» de plus très-singuliers. Un sauvage qui, au lieu
» d'être couvert de fourrures, le serait de rats mus-
» qués, de taupes et d'autres animaux vivants, au-
» rait un habillement bien extraordinaire : tel est
» en quelque sorte celui de nos larves. »

Mais revenons à nos folioles de Cresson. Celles-ci, dont la Phrygane n'a que faire, puisque les pétioles lui suffisent pour bâtir sa demeure, s'en vont à la dérive et produisent bientôt, de leur base et en dessus du petit pétiolule ou de la caudicule qui leur est propre, d'abord 2-3 radicules parfaitement blanches; puis, au centre de ces radicelles, un petit bourgeon conique, vert, duquel se déroule successivement toute la partie aérienne d'une nouvelle plante de Cresson, tandis que les radicelles s'allongent et finissent par s'enfoncer dans la vase.

Le Cresson est d'ailleurs une des plantes dont la

multiplication s'obtient avec la facilité la plus mer-
veilleuse par le bouturage. Qu'on divise la plante
en fragments, et qu'on jette ceux-ci à la surface
de l'eau, on verra bientôt chacun des fragments, comme et mieux encore que ceux du po-
lype d'eau douce, régénérer un individu tout entier.
Il est inutile d'ajouter après cela que chacun peut aisément établir chez soi une petite cressonnière en
plaçant dans un bassin, ayant quelques pouces d'eau,
les *épluchures* de la botte de Cresson dont on lui a
servi les feuilles et les sommités.

La reproduction, par tronçons de la tige, ne cau-
sera d'ailleurs pas la même surprise que celle par
fragments de feuilles ; mais cette dernière se rattache cependant elle-même à un ordre de faits dont
les exemples deviennent de moins en moins rares. Je
rappellerai à cet égard les observations d'Henri de
Cassini sur le *Cardamine pratensis* ou Cresson des
prés, celles d'Hedwig sur l'*Eucomis regia* et sur l'Impériale (*Fritillaria imperialis*), dont les feuilles,
pressées dans son herbier, produisirent des gemmes
desquels sortirent des plantes vigoureuses; celles
en tout pareilles, de Poiteau et Turpin sur l'*Ornitho-
galum thyrsoïdes* ; celles faites en Sologne par
M. Naudin sur un Rossolis (*Drosera intermedia*) ;
celles de Picard lui-même sur le Lis blanc (*Lilium*

candidum) et l'*Hydrocharis morsus-ranæ*; celles, surtout, de Neumann, l'habile chef des serres du Muséum, qui a reproduit le *Theophrasta* par tronçons
de ses feuilles, et a tellement généralisé la multiplication des plantes par les feuilles, qu'avec lui ce nouveau mode de bouturage apparaît comme une méthode d'horticulture pratique.

Plantes auxquelles on donne le nom de Cresson.

Le nom du Cresson, tiré du latin *crescere*, croître,
a été donné au *Nasturtium officinale*, en raison de
la rapidité de sa croissance (1); il devrait donc ne jamais être employé que dans ce sens, parfaitement
clair et défini; mais il a été bien souvent détourné
de son acception primitive et, je dirai légitime,
pour être appliqué à désigner une foule de plantes
qui n'ont en général, avec notre vrai Cresson, aucun
rapport de rapide croissance, mais participent seulement, de près ou de loin, à sa sapidité piquante.

(1) Cette croissance est telle que, dans les cressonnières
bien tenues des environs de Paris, on coupe le Cresson tous
les 10 à 15 jours en été.

De telle sorte que le mot Cresson, pris dans le sens le plus général, ou en ayant égard, non plus au seul *Nasturtium officinale*, mais à l'ensemble des plantes qui le portent, loin de rappeler des plantes à croissance rapide, indique seulement que ces plantes contiennent des principes (lesquels peuvent être très-divers) qui leur communiquent une saveur âcre ou mordicante.

C'est ainsi qu'on nomme :

Cresson alénois ou Cresson de jardin, le *Lepidium sativum*, L., aussi désigné par le nom de *Nasitort;*

Cresson ambigu, le *Nasturtium anceps*, D. C.;

Cresson amer, le *Cardamine amara*, L.;

Cresson de Californie, ou Cresson fleuri, le *Limnanthes Douglasii*, R. Br., plante ornementale dans laquelle j'ai constaté l'existence de l'huile âcre sulfo-azotée des crucifères;

Cresson des Indes orientales, le *Polanisia icosandra*, Wigh. et Arn., et le *Polanisia fullina*, D. C., capparidées épispastiques, etc.;

Cresson de l'Ile-de-France, le *Spilanthes Acmella*, L., que les colons eux-mêmes se gardent bien de confondre avec notre Cresson de fontaine, naturalisé dans leurs eaux;

Cresson de marais, le *Nasturtium palustre*, D. C., usité en quelques lieux;

Cresson de Para, Cresson du Brésil ou Cresson de Cayenne, le *Spilanthes oleracea*, Jacq, ou Abécédaire, dont la brûlante âcreté est souvent mise à profit dans les maladies de la bouche;

Cresson du Pérou, Cresson d'Inde, la Capucine des jardins, *Tropæolum majus*, L., *Nasturtium indicum* de Lobel et Beaulieu, plante dans laquelle existe, ainsi que dans le *Limnanthes*, ou Cresson fleuri, l'huile sulfo–azotée qu'on croyait être l'attribut exclusif des crucifères et de quelques capparidées;

Cresson des prés, le *Cardamine pratensis*, L., qui remplace en beaucoup de lieux, quand il est jeune, le Cresson de fontaine;

Cresson des Pyrénées, le *Nasturtium pyrenaïcum;*

Cresson de rivière, l'Ambrosie sauvage, *Senebiera Coronopus*, Poir. (*Cochlearia Coronopus*, L.), commun sur les berges mises à sec, et voisin du *Senebiera pinnatifida*, D. C.;

Cresson de roche, ou Cresson doré, les *Chrysosphenium oppositifolium*, L. et C. *altermifolium*, aussi nommés Saxifrages dorées;

Cresson des ruines, le *Lepidium ruderale*, L., dont l'une des vertus problématiques consiste à faire abandonner par les punaises les appartements dans lesquels on le place;

Cresson sauvage, le *Nasturtium Sylvestre*, aussi appelé Roquette sauvage;

Cresson des savanes, diverses plantes qui croissent dans les savanes ou prairies des Antilles : telles sont une Conyse à feuilles de Linaire, indiquée par Desportes et Nicolson, et que Jussieu suppose être un *Chrysocoma* ou un *Pestis*, c'est-à-dire une Synanthérée comme le Cresson de Para ; une crucifère (*Lepidium*, Juss.), que les auteurs précités nomment *Thlaspi Nasturtii sapore;* enfin, suivant la déclaration des habitants de Saint-Domingue à Bon, le *Senebiera pinnatifida*, D. C., espèce citée plus haut et qui, échappée des jardins potagers, s'est naturalisée dans les rues de Montreuil-lès-Versailles et aux environs des ports de Cherbourg, Brest, Lorient, Morlaix, Quimper, etc.;

Cresson de terre, l'herbe de Sainte-Barbe, *Barbarea*, R. Br. (*Erysimum Barbarea*, L.), et surtout le *Barbarea præcox*, R. Br., dont la saveur piquante est très-analogue à celle du Cresson de fontaine et qui se distingue bien du *Barbarea vulgaris* par ses feuilles à lobes plus étroits et ses siliques très-longues (1).

(1) On cultive, sous le nom de *Girarde jaune*, une variété à fleurs doubles du *Barbarea vulgaris*.

Je termine cette longue énumération en rappelant qu'on comprend, sous le nom de Cresson des Tropiques, plusieurs capparidées herbacées, savoir le *Cleome gigantea*, L. ; les *Gynandropsis triphylla*, D. C., et G. *pentaphylla*, D. C.

§ II

CULTURE

I. — Historique.

La réputation très méritée, dont jouit le Cresson de fontaine, tant comme aliment propre à entretenir le corps dans l'état de santé, que comme agent thérapeutique dans un certain nombre de maladies, chaque jour plus communes, devait nécessairement amener la destruction de cette plante, en tant qu'espèce spontanée ou sauvage, dans le voisinage des grands centres de population. Ce nom significatif « *Santé du corps* » que le peuple lui a donné dans son pittoresque et allégorique langage, le désignait trop à l'empressement de tous pour que la portion déposée par la Providence auprès des sources ou le long des ruisseaux et de quelques rivières, pût suffire à la consommation des grandes villes, de ces

énormes agglomérations d'hommes que la civilisa-
tion, et non la nature créatrice, a faites, et dont les
besoins, déjà grands par leur masse seule, s'augmen-
tent encore de l'affaiblissement physique et de toutes
les maladies qui ont pu faire douter que cette civili-
sation, à laquelle les états doivent leur gloire et leur
puissance, soit pour l'homme un bienfait réel.

On fut donc bientôt contraint à chercher au loin le
Cresson dont on avait dépeuplé (1) les campagnes
suburbaines; et l'on vit de pauvres femmes aller le
recueillir jusqu'à 40 lieues de Paris (2) pour en charger des voitures et le vendre dans les rues de la capitale en appelant les chalands par ces cris qu'on
entend encore parfois aujourd'hui : « *Cresson de
fontaine, santé du corps, voilà le Cresson.* »

Mais la récolte du Cresson, même très-loin des
villes, devait devenir insuffisante pour celles-ci, dont
la population et les besoins allaient grossissant chaque jour. Le temps marqué pour la culture, devenue
une nécessité, de la plante que la nature, livrée à
elle-même, ne produisait plus en quantité propor-
tionnée à l'état de la société, était arrivé.

(1) Mérat et de Lens, *Dict. de mat. méd.*, VI, p. 367.
(2) Loiseleur Deslonchamps, *Dict. des sc. nat.*, XLIX,
p. 337; Héricart de Thury, *loc. cit.*

Il paraît que c'est en Allemagne, aux environs d'Erfurth et de Dresde, que la culture du Cresson est le plus anciennement pratiquée, sur de grandes surfaces, dans des conditions appropriées. Je ferai toutefois des réserves en faveur de nos départements de l'Oise, du Nord et du Pas-de-Calais, où des cressonnières, au moins des cressonniers, existaient dès le commencement du xive siècle (1). Toujours est-il que les cressonnières étaient inconnues à Paris, où l'on ne consommait que la plante sauvage, lorsqu'un officier d'administration de la grande armée, M. Cardon, dont le nom doit être béni par tous ceux qui recherchent le Cresson pour son agréable sapidité ou pour ses vertus, établit dans la vallée de la Nonnette, près Senlis, des cultures semblables à celles qu'il avait vues en Allemagne (2). Je laisse sur ce sujet la parole à M. Héricart de Thury, sur le rapport de qui la *Société d'Horticulture* décerna à M. Cardon sa grande médaille d'argent.

« Dans l'hiver de 1809 à 1810, après la paix qui

(1) Voir une note de M. le baron de Mélicocq dans les *Bulletins de la Société botanique de France*, t. V. p. 743, et M. Rodin, *Esquisse de la végétation de l'Oise*, p. 59.

(2) M. J. de Lasteyrie avait signalé, avant M. Cardon, l'existence de cressonnières au-delà du Rhin.

» suivit la seconde campagne d'Autriche, M. Cardon,
» alors directeur principal de la caisse des hôpitaux
» de la grande armée, aujourd'hui (M. H. de Thury
» écrivait en 1835) maire de Saint-Léonard, près de
» Senlis, se trouvait au quartier-général à Erfurth,
» capitale de la haute Thuringe. En se promenant
» aux environs de cette ville, et la terre étant cou-
» verte de neige, il fut étonné de voir de longs fossés,
» de trois à quatre mètres de largeur, présentant la
» plus brillante verdure. Il se dirigea vers ces fossés,
» curieux de connaître la cause de cette espèce de
» phénomène qui lui semblait étrange pour la sai-
» son, et il reconnut, avec le plus grand étonne-
» ment, que ces fossés étaient une immense culture
» de Cresson de fontaine, présentant l'aspect des
» plus beaux tapis de verdure sur une terre alors
» toute blanche de neige.

» M. Cardon apprit que cette culture était établie
» depuis plusieurs années sur des sources d'eau
» jaillissantes, dans un fond appartenant à la ville
» d'Erfurth, qui le louait alors plus de 60,000 fr.

» Suivant un article du *Temps*, du 13 juillet 1830,
» ces cressonnières donnent aujourd'hui un revenu
» annuel de plus de 200,000 fr. (1); leur Cresson,

(1) Ces évaluations sont certainement fort exagérées.

» très-estimé pour sa pureté et sa qualité supé-
» rieure, se transporte dans toutes les villes des
» bords du Rhin et même jusqu'à Berlin, qui est à
» plus de quarante lieues d'Erfurth.

    » Dès qu'il eut recueilli les premiers renseigne-
» ments sur cette culture de Cresson, M. Cardon
» sentit de quelle importance serait, aux environs de
» Paris, l'introduction d'une telle branche d'indus-
» trie horticole. Il chercha un terrain arrosé de
» sources d'eau vive, et, après de longues recher-
» ches, il trouva, en 1811, à Saint-Léonard, dans la
» vallée de la Nonnette, entre Senlis et Chantilly, un
» terrain régulier de douze arpents environ, qui lui
» paraissait offrir toutes les conditions convenables.
» Il fit venir deux chefs ouvriers des cressonnières
» d'Erfurth pour diriger ses travaux. Il avait vu et
» bien étudié la culture du Cresson. Dans son in-
» térêt, il eût mieux fait de s'en tenir à ses obser-
» vations et de ne point amener ces étrangers qui,
» malgré tous les avantages qu'il leur avait assurés,
» le quittèrent bientôt pour établir d'autres cresson-
» nières rivales de la sienne (1). »

(1) Héricart de Thury. Rapport inséré aux *Annales de la Société royale d'horticulture de Paris*, 1835, t. XVII, p. 77-88. Sur ce rapport, la Société considérant que c'est à M. Cardon qu'on doit l'introduction de la culture du Cresson

Les premiers peut-être des établissements rivaux qui s'élevèrent, furent ceux de M. Faussier père, d'abord à Saint-Firmin près Senlis, puis à Saint-Gratien.

Ce dernier, d'une importance à peu près égale à celle de l'établissement de Saint-Léonard, eut à son tour les honneurs d'un rapport par M. Poiteau à la *Société d'Horticulture* (1). Rien ne prouve mieux, d'ailleurs, l'importance de la culture qui nous occupe, que ces rapports faits à une Société éminente par les plus autorisés de ses membres. C'est, du reste, en association avec l'un des deux Allemands venus d'Erfurth, que M. Faussier établit ses cressonnières.

Il ne faudrait pas croire cependant que M. Cardon

dans les environs de Paris, lui décerna la grande médaille d'argent.

M. le Président (qui n'était autre que l'honorable M. Héricart de Thury) dit à M. Cardon, en lui remettant la médaille : « Monsieur, nous vous devons la connaissance des grandes cultures de Cresson de l'Allemagne. Vous avez introduit chez nous cette importante branche d'industrie horticole... Le Conseil d'administration de la Société d'horticulture a pensé qu'il était de son devoir de constater les *services que vous avez rendus à l'humanité, à la science et à la ville de Paris*, en vous décernant cette médaille. »

(1) Poiteau. Rapport inséré aux *Annales de la Soc. roy. d'hort.*, 1842, t. XXXI, p. 229, 238.

aurait longtemps retenu en ses mains le monopole
important de la culture du Cresson, dans le cas où
il n'eût pas amené ces ouvriers allemands qui, plus
tard, devaient, au dire de M. Héricart de Thury, le
payer d'ingratitude. Comme on le verra tout à
l'heure, la culture du Cresson n'est pas entourée de
difficultés telles que les hommes intelligents qui l'ont
observée, et surtout pratiquée quelque temps, ne
puissent y réussir. Aussi, ce qui arriva d'un côté par
les ouvriers allemands, allait se produire, soit par
les ouvriers français, soit par les simples voisins de
Saint-Léonard, qui ne tardèrent même pas à dépas·
ser, dans la pratique, leurs guides d'outre-Rhin.
M. Cardon avait creusé à Saint-Léonard quarante
et une fosses à Cresson, et M. Faussier, huit à Saint-
Firmin, plus quarante à Saint-Gratien; M. Billet
père, intelligent cultivateur des environs de Senlis,
en formait vingt-cinq à Villemetry-Senlis et soixante-
deux à Baron (commune qu'il habite), en tout qua-
tre-vingt-sept. Ainsi nous voyons M. Billet, sans le
concours des Allemands de M. Cardon, fonder, vers le
même temps que M. Faussier, des établissements qui
dépassent en importance ceux réunis de ce dernier et
de M. Cardon lui-même. On verra tout à l'heure
M. E. Billet fils laisser loin en arrière, non-seulement les cultures de Saint-Léonard et de Saint-Gra-

tien, mais aussi celles de son père à Baron et à Vil-
lemetry.

L'impulsion était donnée ; chacun voulut avoir
une part de cette couronne que M. Cardon avait
rapportée d'Erfurth aux environs de Senlis, où elle
fut brisée en morceaux, que se disputèrent les habitants du pays.

Après les grosses parts que s'attribuèrent M. Faussier père et surtout M. Billet, il faut citer celles,
moins importantes, qui échurent à

MM.	Chambellan, à Borest,	34 fosses.
—	Nicolas, à Sacy-le-Grand,	30 —
—	Faussier fils, à Orléans (?),	29 —
—	Lefebvre, à Fontaines,	20 —
—	Viou, à Saint-Denis,	20 —
—	Doublenière, à Villevert-Senlis,	16 —
—	Lesguillez, à Bellefon-taine-Luzarches,	14 —
—	Mouroy, à Villemetry-Senlis.	12 —
—	Simon, à Villeveil-Senlis.	12 —
—	Brunet, à Neufmoulin, près Pontarmé,	10 —

Ce qui, à l'époque du rapport de M. Héricart de

Thury, savoir en 1835, fait un total de trois cent soixante-treize fosses, au lieu de quarante et une formant l'établissement de Saint-Léonard. On était bien loin alors du temps où de pauvres diables allaient au loin glaner de rares et grêles brins de Cresson le long des ruisseaux et des fossés.

Mais les besoins de la consommation avaient grandi plus vite encore que la production et aux cultures que nous venons d'indiquer, il s'en ajouta de nouvelles, parmi lesquelles il faut compter :

Celle de Goussainville, composée d'à peu près	40	fosses
— Arnouville,	45	—
— Mairion, près Clermont-sur-Oise,	45	—
— Mitry-Mory, —	28	—
— Bellefontaine, dont le nombre des fosses a été porté de	14 à 38	
— Presles, près Beaumont-sur-Oise,	45	—
— Vallée de la Bièvre, entre Buc et la Minière,	12	—
— Vallée de l'Yvette, de l'Essonne et de l'Orge, environ	80	—

Ces nouvelles cressonnières, dont plusieurs ont
de l'importance, sont de beaucoup dépassées, ainsi
que celles énumérées plus haut, par le bel établissement qu'a fondé en 1843, à Gonesse, dans des
conditions remarquablement bonnes, dont son habi-
leté a su tirer le meilleur parti, M. Billet fils. La
cressonnière de Gonesse, de beaucoup la plus considérable, la mieux tenue et la plus productive qui
existe, ne compte pas moins de cent quatre-vingt-dix
fosses qui, ajoutées à trente fosses, dont se compose
actuellement la cressonnière de Val-Genceuse (1),
font, pour les seules cultures de M. E. Billet, un
total de *deux cent vingt fosses*, auxquelles il faudra
bientôt ajouter cent cinquante fosses, que le même
M. E. Billet fait établir à Duvy, près Crespy (2).

Après les aperçus, d'un caractère surtout histo-
rique, qui précèdent, je dois aborder la question
agricole elle-même. Mais, disons tout d'abord que,
si un filet d'eau et quelques mètres de terrain peuvent suffire au particulier qui veut récolter du Cresson

(1) Des cressonnières fondées par M. Billet père, à Val-
Genceuse et à Baron, la première appartient aujourd'hui à
son fils, la seconde est exploitée par M. Follet.

(2) La cressonnière de Duvy est aujourd'hui (février
1865), en pleine exploitation. De magnifiques sources, dont
l'une notablement ferrugineuse, en assurent le succès.

pour ses propres besoins, il est indispensable, dans la culture en grand, de satisfaire à un ensemble de conditions dont une seule, omise, peut faire perdre les bénéfices de l'opération.

II. — Choix de la Contrée.

La première chose à faire, pour l'établissement d'une cressonnière, est de bien choisir la contrée où l'on se propose de former son exploitation. C'est près des grandes villes, qui seules peuvent consommer une grande masse de produits, que celle-ci sera établie : une distance trop grande entre la cressonnière et le marché causerait la ruine de l'entreprise : 1° parce que les frais de transport seraient trop considérables ; 2° parce que le Cresson s'altère pendant le trajet et perd de sa valeur marchande. Comment le cressonnier éloigné de la ville pourrait-il, avec un frêt plus cher et un produit de qualité inférieure, soutenir la concurrence contre des rivaux mieux placés ?

C'est ainsi que les cressonnières de Sacy-le-Grand et de Clermont-sur-Oise, situées à une distance d'environ quinze lieues, sont forcées au chômage presque chaque été.

III. — Choix du sol.

L'état physico-chimique du sol et la pente de sa surface sont à considérer.

On devra rejeter :

Les terres très-sableuses, parce qu'elles laissent les eaux se perdre par infiltration, tant dans le sous-sol qu'au travers des bandes de terre qui isolent les fosses;

Les terres calcaires, parce qu'elles ne fournissent pas aux jeunes plantations un aliment qui leur convienne;

Les terres tourbeuses, notamment, en dépit de la pratique contraire, parce qu'elles sont ordinairement le réceptacle d'eaux croupissantes ou qui prennent tous les caractères de celles-ci en se chargeant de matières organiques; parce que, surtout, il est reconnu en pratique que ce sol, trop chaud, détermine en été une altération particulière du Cresson, consistant en l'arrêt de sa pousse et la colo-

2.

ration en jaune de ses feuilles, altération que les cressonniers désignent par le nom de *brûlure*. Une visite, aux mois de juillet et d'août, aux cultures de Mitry Mory, fait, mieux que tout ce qu'on en pourrait dire, comprendre les inconvénients inhérents aux terres tourbeuses.

La meilleure terre est, pour le Cresson comme pour le blé et beaucoup d'autres plantes, celle à laquelle sa nature a valu l'épithète d'argilo-siliceuse. Telle est la terre de Gonesse, des riches plaines de la Brie, du Valois, etc.

Ce que je dis de la nature du sol s'applique, on le comprend, moins à sa surface proprement dite qu'au fond sur lequel reposera la plantation de Cresson. Cependant, la surface elle-même ajoute aux inconvénients du fond si elle est de nature tourbeuse, et rend les travaux incommodes dans la saison des pluies quand elle est trop argileuse. Il est inutile d'ajouter que le sol de la surface prend une importance toute particulière quand on se propose de livrer aux cultures maraîchères les bandes de terrain qui séparent les fosses les unes des autres. Mais ces sortes de cultures, qui naguère encore étaient vivement recommandées comme ajoutant aux produits des cressonnières, n'ont quelque raison d'être que si celles-ci sont condamnées au chômage pendant une partie de l'année ; dans le cas de culture intensive et de production continue, comme à Gonesse et à Duvy, la culture maraîchère intercalée est rejetée comme gênante et relativement improductive.

La *pente* du terrain sur lequel on se propose d'établir des cressonnières, doit être nulle ou faible. Si la pente est nulle, on aura à donner, au fond de la fosse, la légère inclinaison reconnue la plus convenable ; si elle est faible et se rapproche de celle généralement adoptée, on n'aura autre chose à faire qu'à dresser le fond de la fosse parallèlement à la surface.

IV. — Choix des Eaux.

Le volume des sources, la constance de leur débit, leur proximité, leur température, la nature chimique et la chute de leurs eaux, l'absence de toute servitude, importent à la prospérité des cressonnières et, presque toujours, à la qualité elle-même du Cresson.

Le VOLUME des eaux est une question *absolue* de succès. Avec des eaux abondantes, vous aurez du

Cresson fort bien nourri, à larges feuilles d'un beau vert, et qui donnera ses produits toute l'année. Avec des eaux insuffisantes, vos plantes seront maigres, à feuilles petites et sans soutien; elles seront brûlées par les chaleurs de l'été et gelées par le froid des hivers. Le tort de la plupart des cressonniers est de vouloir posséder plus de fosses que ne peuvent en alimenter leurs eaux; de là de fréquents mécomptes.

Il faut à chaque fosse environ 6 pouces d'eau, soit 84 litres par minute (6 pouces × 14 litres = 84). Les cressonnières de Gonesse reçoivent 7 pouces d'eau, ou 98 litres par minute, ce qui équivaut à 18,620 litres d'eau pour 190 fosses. Or, M. E. Billet y disposant de plus de 20,000 litres d'eau par minute, il reste une forte réserve qui, habituellement, reçoit une destination particulière (passe au moulin), mais qui peut, au besoin, être dirigée dans les canaux d'alimentation des cressonnières. Toutefois, 6 pouces d'eau par fosse suffisent ordinairement, même en hiver, au bon entretien d'une fosse large de 3 mètres à 3 mètres 50 centimètres, et longue de 80 mètres.

Les sources de Duvy donnant environ 25,000 litres, on voit de quelle surabondance d'eau M. E. Billet dispose pour les 150 fosses qu'il vient de mettre en exploitation.

L'importance de la FIXITÉ, ou constance du volume des sources, se comprend sans peine. A quoi servirait d'avoir des sources d'un débit équivalant à 6 ou 8 pouces d'eau pour chaque fosse, si, au moment des sécheresses, leur débit était réduit à moitié ou même au quart, ce qui n'est que trop fréquent. La réduction du volume d'eau est alors d'autant plus préjudiciable, que c'est précisément dans les fortes chaleurs de l'été et en hiver, c'est-à-dire quand les cressonnières sont menacées de périr faute d'eau, qu'elle a lieu. L'hiver de 1857-1858 a été, sous ce rapport, désastreux entre tous. La sécheresse, qui a été telle que la génération actuelle ne se souvient pas d'en avoir vu de semblable, a coïncidé avec quelques journées d'un froid intense (le thermomètre a marqué 8 à 9 degrés du 5 au 8 janvier); aussi, la plupart des cressonnières, j'allais dire toutes, moins celles de Gonesse (1), ont-elles suspendu leurs envois au marché.

La PROXIMITÉ, ou le voisinage immédiat des sources, est une condition capitale pour l'établissement des cressonnières. Si la source est trop éloignée, ses eaux s'échaufferont en été et se refroidiront en hiver; en ce dernier cas, le plus grave de tous, le

(1) L'établissement de Duvy n'existait pas encore.

Cresson gèlera et les fosses seront perdues, trop heureux si l'on sauve du plant pour le renouvellement des cressonnières.

Cette nécessité de placer le Cresson le plus près possible du lieu d'émergence des eaux, est l'une des causes qui limitent impérieusement la longueur des cressonnières.

Dans le cas où l'on serait absolument contraint d'établir les fosses loin des sources, on s'opposerait à l'action de la température extérieure sur les eaux en enfermant celles-ci dans un canal souterrain.

La TEMPÉRATURE des sources offre peu de variations; elle est, d'ordinaire, constante et en rapport avec la moyenne de la température du pays. Si la température des eaux était variable, s'élevant en été pour s'abaisser en hiver, ce serait un indice que la source est superficielle, et alors, à l'inconstance de température, s'ajouterait l'inconstance du débit en volume : que le cressonnier se garde de telles eaux.

Les eaux des puits artésiens profonds sont chaudes, mais peu aérées et promptes à se refroidir; elles doivent être reléguées au second rang.

Les cours d'eau d'une certaine étendue, les petites rivières en particulier, ne sont, en réalité, que des eaux à source éloignée. Il faudra n'y recourir que dans les cas d'absolue nécessité, et éviter même

avec soin, le mélange de leurs eaux à celles des
sources qui vont aux cressonnières. Toutefois, les
eaux des rivières pourront être utilisées dans les
contrées méridionales, où les gelées sont nulles, et au
moins rares et de peu d'intensité.

J'emprunterai encore un exemple aux cultures de
M. E. Billet. Cet intelligent cultivateur peut dispo-
ser, à Gonesse, de la rivière du Crould, et il lui serait d'autant plus facile de la jeter dans ses cressonnières, que celles-ci sont placées sur la rive droite
de la rivière, tandis que plusieurs de ses belles
sources sont de l'autre côté, c'est-à-dire sur la rive
gauche. Mais plutôt que de recourir à la rivière,
M. E. Billet fait passer les eaux des sources sous
celle-ci, en les enfermant dans des coffres ou aque-
ducs souterrains (1).

C'est par le même motif que M. Cardon isola, à
Saint-Léonard, ses fosses de la Nonette par une digue.

Quoiqu'elle puisse, sans inconvénients apprécia-
bles, varier en d'assez grandes limites, la NATURE
CHIMIQUE des eaux destinées à alimenter les cressonnières n'est pas tout à fait négligeable.

(1) Les coffres de Gonesse sont en bois de chêne doublé
de plomb extérieurement. Ils ont 15 m. de long sur 0m90 de
diamètre intérieur. On en fait d'assez durables en sapin.

Les eaux des tourbières communiquent au Cresson une saveur de marécage, qui est au moins, à celle du Cresson venu dans de bonnes eaux, ce que la saveur de la carpe d'étang est à celle de la carpe de rivière ; de telles eaux salissent fréquemment la plante par des dépôts jaunâtres de matières organiques et ocracées, et elles ont encore souvent l'inconvénient (dû au peu de profondeur de leurs sources) d'être trop chaudes en été et trop froides en hiver.

Les eaux chargées de carbonates de chaux et de magnésie, les laissent déposer peu après leur point de sortie du sein de la terre. Alors, ou la fosse est très-rapprochée de la source et les dépôts calco-magnésiens se forment sur le Cresson lui-même, qu'ils incrustent, ou la fosse est éloignée et l'eau, avant de l'atteindre, a sa température modifiée par celle de l'atmosphère : avec de telles eaux on n'évite donc Charybde que pour échouer sur le rocher de Scylla.

Les eaux séléniteuses, qui existent presque seules dans nos puits, sont assez rares comme eaux de sources. Les exceptions à cette règle, déjà fréquentes cependant dans les contrées montagneuses de la Savoie et du Piémont, où de puissantes couches de gypse métamorphique sont entremêlées aux roches schisteuses (1) ne sont pas rares auprès de Paris. On sait, en effet, que les collines des environs de cette capitale sont formées, en comptant de leur sommet vers leur base :

De meulières, qu'on voit couronner les hauteurs de Montmorency et du Mont-Valérien ;

De sables, ordinairement rouges, qu'on observe dans les lieux précités, au-dessous des meulières, et qui constituent presque entièrement les collines du bois de Meudon ;

De la formation du gypse, plâtre ou sélénite, si puissante à Montmartre, à Romainville, au Raincy, etc., et qui se compose, indépendamment de la pierre à plâtre proprement dite (laquelle manque sur beaucoup de points), de couches de marnes ou argiles (souvent de couleur verte) sur lesquelles viennent s'arrêter, pour chercher une issue latérale et former des sources, les eaux qui ont traversé les étages supérieurs (2).

---

(1) Des rivières entières sortent, saturées de gypse, des flancs de ces montagnes. Telles sont, entre autres, la petite Doire, qui vient se jeter dans le Pô, en aval de Turin, la rivière de Belleville, qui se perd dans l'Isère à Moutier en Tarentaise, etc.

(2) Je ne dis rien des étages inférieurs au gypse, et qui sont : le calcaire d'eau douce qui donne les pierres à chaux

3

Or, toutes les eaux qui sortent des flancs de la colline, à la hauteur des marnes vertes du gypse, sont très-séléniteuses; telles sont les sources de Belleville, des Prés-Saint-Gervais, du Mont-Valérien, et la plupart de celles de la vallée de Montmorency, vallée dont le fond est généralement taillé dans ces marnes elles-mêmes. L'eau minérale d'Enghien n'est même pas autre chose qu'une des eaux séléniteuses de la vallée, dont le gypse ou sulfate de chaux a été réduit à l'état de sulfure, par les matières organiques des tourbières.

Les eaux séléniteuses ne forment pas habituellement de dépôts calcaires comme les eaux carbonatées; elles ne sont nullement défavorables à la végétation du Cresson, et cependant j'insiste pour qu'on les rejette des cressonnières; voici pourquoi :

Les eaux séléniteuses ne contiennent pas ou contiennent fort peu d'*iode* (1), *corps dont la pré-*

de Melun, de Valvins et de Montereau; le calcaire grossier ou pierre à bâtir de Paris; l'argile plastique sur laquelle coulent les eaux du Loing et est bâtie la petite ville de Moret; enfin, la craie, qui forme le fond du bassin de Paris, se relève un peu à Meudon et à Saint-Cloud, forme les hautes collines de Mantes à Rouen, etc.

(1) Les exceptions à cette règle sont fortuites et excessivement rares; l'une d'elles est offerte par des eaux sortant à mi-côte du Mont-Valérien.

sence, nécessaire à la salubrité des eaux, joue un *rôle important dans les propriétés du Cresson*, que celui-ci soit pris comme *aliment* ou, et surtout, comme agent *thérapeutique*. A ce titre, elles doivent être impérieusement repoussées des cressonnières.

Pour faire bien comprendre la nécessité de ne pas cultiver le Cresson dans les eaux séléniteuses, je rappellerai qu'il était généralement admis, par des faits nombreux observés : dans les Indes, par les médecins anglais; en Savoie et en Piémont, par les médecins du pays et par le docteur Grange; à Avallon et en plusieurs endroits de la France, par M. Bouchardat, que *les eaux séléniteuses donnent le goître et le crétinisme*, c'est-à-dire rendent l'homme difforme, et tendent à le ravaler au-dessous de la brute. La question en était là quand je prouvai que les eaux séléniteuses sont privées d'iode, de cet élément qui est le remède spécifique du goître, et qui a pris une si grande place dans la thérapeutique des maladies lymphatiques, de la scrofule, des affections de la poitrine, etc. Aussitôt il arriva ce que chacun pouvait prévoir. Les eaux dures ou séléniteuses continuèrent, avec raison, d'être regardées comme malsaines et goîtrifères (1); mais on dut reporter

---

(1) Telle est l'action pernicieuse de ces eaux que, dans quelques·localités de la Savoie, à Saint Pancrace, Saint-

tout naturellement sur le manque d'iode, les effets qu'on avait attribués à la présence du gypse ou sulfate de chaux. Le fait suivant confirme tout ce qui précède, et nous ramène aux cressonnières des environs de Paris.

En 1850, époque à laquelle je me livrais à des recherches étendues sur la présence de l'iode dans les eaux potables, je priai M. Boudier père, savant pharmacien-botaniste à Montmorency, de me faire recueillir les eaux de toutes les sources ou fontaines de la vallée. Mon obligeant correspondant s'acquitta de sa mission avec un zèle dont je ne saurais assez le remercier ; et bientôt je possédai, dans mon laboratoire, les eaux de Montmorency, d'Enghein et de Saint-Gratien ; celles de Blémur, Domont, Piscop, Poncelles, Saint-Brice, Groslay, Montmagny, Deuil, La Barre, Soisy, Ermont, Sannois, Eaubonne, Andilly, Montlignon, Margency et Saint-Prix. Or, à l'exception d'un petit nombre, parmi lesquelles je citerai la fontaine Renée, près Montmorency, les fontaines d'Andilly et d'Eaubonne, qui sortent des sables superposés aux marnes de gypse, ces eaux

Julien, Villars-le-Goîtreux, etc., des jeunes gens buvaient à des sources d'une triste célébrité pour échapper, par le goître, au service militaire. J'ai vu et analysé ces sources ; elles sont saturées de gypse et ne contiennent pas d'iode.

étant dures (1) et peu iodées, j'eus la pensée qu'il devait y avoir des goîtreux dans cette belle vallée de Montmorency, où les Parisiens vont chercher si souvent la conservation ou le rétablissement de leur santé. Pour vérifier mes conjectures, je me rendis au marché de Montmorency, où je devais trouver réunis les habitants et surtout les *habitantes* (2) de la contrée. Je n'avais, hélas! que trop bien deviné: il y avait au marché des goîtres si beaux, qu'ils auraient fait honneur aux vallées d'Aoste, de la Tarentaise, de la Maurienne ou de la Muhr (3).

(1) On dit vulgairement des eaux séléniteuses qu'elles sont *dures* ou *crues,* parce qu'elles *durcissent* les légumes qu'on y met à cuire; elles coagulent aussi l'eau de savon.

(2) Les femmes sont plus sujettes au goître que les hommes; fait en rapport avec leur tempérament plus lymphatique. Le crétinisme atteint au contraire plus d'hommes que de femmes; et cependant, goîtreux et crétins sont le produit d'une même cause : l'insuffisance de la proportion d'iode dans le régime des individus.

(3) A Graetz ou Gratz, capitale de la Styrie, bâtie sur les deux rives de la Muhr, j'ai constaté (au marché) que sur 34 femmes, 33 avaient le goître! proportion qui eût été encore accrue si, dans ma statistique, je n'avais négligé de tenir compte des femmes, presque toujours goîtreuses, qui se cachent le cou avec un mouchoir ou les nœuds, élargis pour la circonstance de leur chapeau.

On n'admettra donc pas les eaux séléniteuses dans les cressonnières (1).

Je viens de signaler les eaux dures pour leurs mauvaises qualités. Il n'en est pas de même des eaux ferrugineuses, qui se recommandent par leurs propriétés bienfaisantes, soit qu'on les considère au point de vue de la pousse du Cresson, à laquelle elles ne sont pas défavorables, soit principalement qu'on les envisage sous le rapport de leur influence sur la composition chimique et les propriétés médicales de ce dernier. C'est ce qui est mis hors de doute, quant à la pousse et à la vigueur de la plante, par le bel état de celles des fosses à Cresson de Gonesse, et surtout de Duvy, qu'alimentent des sources contenant une quantité fort appréciable de fer; et quant à la composition chimique, par les analyses rapportées plus loin.

Quand je dis que les eaux ferrugineuses conviennent à la culture du Cresson, j'entends parler seulement des eaux qui, comme la belle source Marie, à Duvy, comme quelques petites sources de Ville-d'Avray, contiennent du fer en quantité appréciable,

(1) On reconnaît bien vite une eau séléniteuse à sa propriété de blanchir ou devenir laiteuse, par le nitrate acide de barite ou même par mélange avec un peu de carbonate de soude ou de potasse.

mais cependant assez faible (de 1 à quelques milligrammes par litre d'eau); des eaux très-chargées
de fer nuisent, au contraire, à la pousse du Cresson,
et le salissent d'un dépôt ocracé.

C'est un fait général, ressortant de mes recherches, que l'iode accompagne le fer dont il semble
être le satellite. Aussi, toute eau ferrugineuse doit-
elle être regardée comme une eau iodée. Les plantes
qui végètent dans une telle eau se chargent donc
d'iode en même temps que de fer : double et précieuse assimilation que l'hygiène et la médecine
devront utiliser.

V. -- Emploi des Eaux

Les eaux qui ont traversé une fosse à Cresson
peuvent-elles être dirigées sur une ou plusieurs autres fosses mises à la suite?

Cette question doit être considérée à deux points
de vue, savoir : à celui de la température et à celui
de la composition chimique des eaux.

Sous le rapport de la température, il est bien évi-
dent que mettre plusieurs fosses à la suite les unes
des autres, c'est comme si l'on avait une fosse
ayant la longueur totale des fosses mises bout-à-
bout, plus celle des intervalles qui séparent ces

fosses. Or, le résultat inévitable d'un développement considérable en longueur est, je l'ai dit plus
haut, l'élévation de la température de l'eau en été
et son refroidissement en hiver, choses qu'il faut
absolument éviter dans la culture du Cresson.

Quant à ce qui est de la composition des eaux,
voici quelques données propres à nous diriger :

L'eau commune contient en moyenne, près de
ses sources, pour un litre, $0^l,015$ d'acide carbonique, et $0^l,004$ d'oxigène, gaz très-utiles à la végétation, le premier, par l'absorption qu'en font
directement les plantes pendant le jour pour s'en
approprier le carbone ; le second, parce qu'il sert à
former de nouvelles portions d'acide carbonique,
aux dépens des matières organiques que l'eau recèle
toujours ou qu'elle enlève au fumier déposé dans
les fosses, parce qu'il est absorbé en nature pendant
la nuit, et qu'il agit d'ailleurs comme excitant sur
le végétal. Or, l'eau qui a parcouru une certaine
longueur de fosses est, ainsi que je m'en suis assuré,
complètement privée d'oxigène, et plus ou moins
dépouillée d'acide carbonique. Ce fait, exactement
semblable à celui que j'avais constaté en Lombardie,
dans les eaux à leur sortie des rizières, indique bien
que ce n'est pas impunément, même abstraction
faite des modifications survenues dans la tempéra-

ture, qu'on donnerait aux cressonnières une longueur exagérée; ou, ce qui ici revient au même,
qu'on mettrait plusieurs fosses les unes à la suite
des autres.

Mais, dira-t-on peut-être, en parcourant l'inter-
valle laissé entre les fosses, l'eau ne pourra-t-elle
pas modifier de nouveau sa composition et sa température, de façon à se rapprocher des qualités premières qu'elle avait à la source?

Si, ce qui ne se présente guère d'ailleurs dans
les contrées bien peu montagneuses où l'on se livre
à la culture du Cresson, on pouvait faire tomber
l'eau d'une fosse à l'autre, par des rapides ou des
cascades, on pourrait bien, en effet, la refroidir (par
l'évaporation et la perte d'une partie de sa masse),
l'aérer, reconstituer par là de l'acide carbonique et
de l'oxigène; mais ces résultats qui, en été même,
seraient renfermés en d'étroites limites, amèneraient
certainement le gelée des eaux en hiver. On pourrait, il est vrai, compenser l'effet des cascades par
l'extrême longueur des canaux, qui recevraient les
eaux d'une fosse pour les conduire à celles placées
au-dessous. Mais ici encore, en rendant les gaz à
l'eau, on n'échapperait pas aux changements de
température.

J'ai parlé des rizières. Pour elles, les conditions

sont bien différentes. On avait parfaitement reconnu
en pratique que les eaux qui, au sortir d'une rizière,
sont impropres à la culture du riz, reprennent toutes
leurs qualités premières, quand on les conduit, par de
longs et rapides canaux, à d'autres rizières. Les analyses que j'ai faites, aux environs de Pavie, des eaux
à leur entrée et à leur sortie des rizières, rendent
bien compte des effets. Mais ici, on a d'autant moins
à se préoccuper de l'échauffement de l'eau, qu'on
la fait d'abord séjourner, pour élever sa température, dans des sortes de parcs ou étangs artificiels,
peu profonds, disposés à la tête des rizières.

VI — Puits artésiens pour suppléer les sources

Le forage de puits artésiens, dans les localités où
l'on se propose d'établir des cressonnières, peut
avoir pour objet, soit de tenir lieu tout à fait de
sources qui manquent, soit d'ajouter au volume
d'eau fourni par des sources insuffisantes.

La composition chimique des eaux, fournies par
les puits artésiens, varie comme celle des sources ;
aussi, tout ce qui a été dit de celles-ci leur est-il
applicable. J'ajouterai qu'on peut ordinairement
prévoir, d'après la constitution géologique de la

contrée et la nature des eaux qui se font jour (sur quelques points où le sol est accidenté), de la zone des bancs auxquels la sonde devra atteindre, quelle est la profondeur à laquelle on rencontrera la nappe souterraine, quelle sera la température de l'eau jaillissante (1), quelle sera la composition chimique de l'eau. Voilà pourquoi l'eau du puits de Grenelle, dont la nappe a été rencontrée à une profondeur de 500 mètres, dans une couche ferrugineuse, donne de l'eau chaude contenant des sels de fer; pourquoi les sources thermales ne sortent jamais du sommet des hautes montagnes, mais des failles des vallées ou de roches que surplombent d'épais massifs.

Il semble, au premier abord, que l'on puisse tirer un grand parti des sources artésiennes, profondes ou chaudes, pour préserver les cressonnières des gelées; mais il n'en est rien. Les eaux chaudes arrivant à la surface du sol généralement privées d'air, sont promptes, comme l'eau bouillie, à se refroidir et à geler. Elles sont trop chaudes l'été, trop disposées à geler en hiver. Ajoutez que ces eaux ne tar-

---

(1) On admet que la température de la terre, et par suite de l'eau s'élève d'à peu près un degré centigrade chaque fois qu'on s'avance, à partir de 12 à 15 mètres de la surface, point où la température est invariable, de 27 à 30 mètres dans la profondeur de la croûte terrestre.

dent pas de perdre à l'air, par l'effet même de leur température, le peu de gaz qu'elles pouvaient contenir, et vous verrez que leurs qualités seraient loin de compenser, pour les cressonnières, les grandes dépenses à faire pour aller les chercher dans les profondeurs du sol.

Restent les puits artésiens à nappe presque superficielle. Ces derniers coûtent peu à forer, ont des eaux à la température des sources, et peuvent remplacer celles-ci ; mais peu de localités se prêtent à ce qu'on les recherche : tels sont cependant les puits qui alimentent les fontaines à Saint-Denis, à Gonesse dans quelques habitations, et surtout ceux des cressonnières de Saint-Gratien. Voici, sur ces derniers, quelques indications :

M. Faussier, qui avait exploité pendant dix ans les cressonnières de Saint-Léonard, étant venu former un établissement à Saint-Gratien, vers la queue de l'étang d'Enghien, s'aperçut qu'il n'avait pas assez d'eau pour alimenter ses fosses. Grâce à M. Mulot, l'habile foreur du puits de Grenelle, il eut bientôt neuf petits puits, répartis sur une surface de deux arpents, et prenant l'eau de quatorze à vingt-cinq mètres de profondeur. La sonde n'eut à traverser qu'une couche de terre tourbeuse et un banc calcaire, pour donner issue à des eaux ayant une température d'à peu près 14°. Mais ces eaux, dont le volume diminue pendant les sécheresses, ne s'élèvent qu'à six pouces au-dessous de la surface du sol, au lieu de jaillir; enfin, de l'aveu de M. Poiteau (1), elles ne suffisent pas encore à protéger les fosses contre le froid des hivers.

Ainsi, même dans les circonstances les plus favorables, les puits artésiens ne donnent que de médiocres résultats. C'est pourquoi nous disons : *Pas de sources naturelles à proximité, pas de cressonnières.*

VII — Servitudes des Eaux

Il est d'absolue nécessité que le cressonnier soit toujours le maître de ses eaux ; que, par conséquent, celles-ci ne soient grevées d'aucune servitude. Si même une portion seulement de ses sources est tributaire d'une usine, etc., qui n'en permet ie dé-

(1) Rapport sur les cressonières de M. Faussièr, à Saint-Gratien, par une commission dont faisaient partie MM. Boussière et Guillery, Jacquin aîné, Neumann et Poiteau, rapporteur. (*Annales de la Société d'Horticulture*, t. XXXI, p. 232.)

tournement que par tolérance, il doit s'attendre à
ce que, pendant les sécheresses, c'est-à-dire quand
il aura le plus grand besoin de toute son eau, celle
qui lui était prêtée sera reprise. Alors ses fosses
seront brûlées si c'est en été; elles seront infailli-
blement gelées, si la reprise d'eau a lieu en hiver.

VIII — Établissement des Fosses

Étant choisis la localité, le sol, les eaux, il
s'agit d'établir les fosses. La pente, la longueur, la
largeur, la profondeur de celles-ci doivent être dé-
terminées d'après certaines règles.

Il est établi, par la pratique des cressonniers les
plus habiles, que la pente la plus convenable est de
cinq pouces (soit de 135 millimètres) pour 80 mètres.

La *longueur* des fosses est nécessairement limitée,
sur certains terrains, par l'étendue même de ceux-ci.
Mais quand on peut tailler, suivant l'expression
commune, *en plein drap*, c'est à la longueur de 80
à 85 mètres qu'on s'arrête dans la pratique. Trop
longues, les fosses ne recevraient plus à leur queue
des eaux assez vives, assez fraîches l'été et assez

chaudes en hiver; trop courtes, elles donneraient lieu, sans compensation suffisante, à des pertes de terrain dans le cas où on les mettrait bout à bout, et pourraient entraîner la nécessité de multiplier les canaux d'alimentation, ce qui est une nouvelle cause de perte de sol.

Si cependant il fallait opter entre des fosses trop courtes et des fosses trop longues, il vaudrait mieux, pour la qualité du Cresson, choisir les fosses dans lesquelles l'eau séjourne le moins, c'est-à-dire les fosses plus courtes.

La *largeur* à donner aux fosses n'est pas indifférente. Si celles-ci sont trop larges, on voit parfois se produire sur leurs côtés ou sur quelque point de leur portion intérieure des courants que l'eau suit de préférence, laissant en quelque sorte le reste de la fosse à l'état de marécage par le non-renouvellement de l'eau. Une épaisseur suffisante et régulière de la plantation de Cresson, s'oppose toutefois, en certaines limites, à l'établissement des courants.

Mais, quoi qu'on puisse faire, le cours de l'eau est toujours ralenti en raison de l'élargissement des fosses, effet qui a pour résultats secondaires, non seulement d'affaiblir la vigueur de la plante, mais de donner une sorte de Cresson de marais au lieu du Cresson de fontaine ou d'eau vive qu'on recherche,

de rendre certains travaux de l'exploitation plus difficiles et d'exposer aux coups de hâle et aux gelées,
d'abord parce que la fosse trop large n'est pas suffisamment abritée par ses murs de séparation, ensuite en raison du ralentissement survenu dans le
courant des eaux. Chacun peut se rendre aisément
compte de l'influence de l'élargissement sur le ralentissement de la marche de l'eau, en considérant
ce qui se passe dans les fleuves.

Le lit de ceux-ci est-il rétréci par des digues naturelles ou artificielles, par les arches d'un pont,
par exemple, le courant se montre rapide, ce lit
s'élargit-il au contraire beaucoup, on voit aussitôt
les cours d'eau les plus torrentueux s'étendre en
nappes immobiles; le lac de Genève et le lac de
Constance ou mer de Souabe, ne sont même pas
autre chose que des évasements, le premier du lit
du Rhône, le second du lit du Rhin. La mer Noire
et la mer de Marmara sont des évasements d'un
grand fleuve, qui vient se précipiter dans la Médi-
terranée par les *rapides* des Dardanelles, fleuve que
forme la réunion des eaux du Danube, du Don, du
Dnieper, du Dniester et des fleuves de la côte d'Asie.
Mais je m'aperçois que, pour mieux faire comprendre les inconvénients attachés à la trop grande largeur d'une fosse à Cresson, je me laisse aller à des

comparaisons hors de proportion avec celle-ci, à laquelle je me hâte de revenir.

Des fosses très-étroites donneraient de fort beau Cresson. Cependant elles ont, dans la pratique, les inconvénients suivants qui les font rejeter : elles causent une perte considérable de terrain par la multiplicité des murs de séparation, entraînent trop promptement les engrais, et nuisent à l'insolation de la plante pour peu que les murs ou talus s'élèvent au-dessus de la plante.

La largeur la plus généralement adoptée est celle de trois mètres à trois mètres cinquante centimètres ; elle ne doit pas dépasser quatre mètres ; encore ne peut-on se permettre des fosses de quatre mètres, que si l'on a des eaux très-abondantes.

La profondeur des fosses est nécessairement subordonnée au niveau des sources : trop superficielles, les fosses ne permettraient pas l'inondation du Cresson, parfois nécessaire pour garantir celui-ci des gelées ; trop profondes, elles diminueraient l'insolation, seraient une cause de perte de temps et d'un surcroît de fatigues dans le travail d'exploitation, surtout dans l'opération de la coupe.

En calculant qu'il faut donner à la fosse dix centimètres d'eau, au-dessus desquels le Cresson pourra s'élever de quinze à vingt centimètres, et qu'il est utile que le mur de séparation serve d'abri, ou arrive à admettre que la profondeur la plus convenable est celle de cinquante à soixante centimètres.

On laisse souvent, entre les fosses contiguës, la terre du déblai. Mais comme par là on donne trop d'élévation au sol qui sépare les fosses, il est mieux de porter le déblai (comme on le fera plus tard pour la boue provenant des curages) sur les champs voisins.

Les fosses seront alignées parallèlement les unes aux autres, la tête et la queue de chacune d'elles étant, autant que possible, ordonnées sur des lignes droites que suivront les canaux d'alimentation et de décharge.

Faut-il préparer, amender, fumer le sol qui forme le fond des fosses à Cresson ? Voici ce que disait M. Héricart de Thury : « Le fond des fosses, » partout où il n'est pas de bonne nature, est recou- » vert de quelques pouces de terre végétale sableuse, » bien nivelée (Héricart de Thury, *loc. cit.*, p. 82). » — Un peu plus loin il ajoute. « — On laboure le » fond, on le ratisse ; on y rapporte, s'il est besoin, » de la terre végétale ; on nivèle la surface et on » *plante*. Si le fond des fosses est trop maigre, on le » fume avec du terreau bien décomposé (p. 84 du » rapport). »

Il y a longtemps qu'on a renoncé, avec raison, à ces préparations diverses, reconnues être aussi inutiles que coûteuses, du fond des fosses. On se contente de bien dresser ou niveler le fond des fosses, et de les détremper en y mettant, pendant quelques heures avant la plantation, l'eau qu'on fait écouler ensuite dans le canal de décharge par un tuyau de fond.

Comme donnée sur le prix d'établissement des cressonnières, prix variable d'ailleurs suivant la disposition des terrains, etc., je dirai que M. E. Billet, l'habile cresciculteur, dépensa en 1843, pour établir ses cent quarante premières fosses, 15,000 fr.— M. Héricart de Thury évaluait à 80,000 fr. (chiffre beaucoup trop élevé) les frais d'installation de la cressonnière de Saint-Léonard, qui ne compte cependant que quarante et une fosses.

IX — Établissement des Canaux d'alimentation et de décharge

Chaque cressonnière, savoir chaque série de fosses parallèles, aura un canal commun d'alimentation qui lui apportera les eaux, et un canal de décharge dans lequel se rendront les eaux au sortir des fosses.

Le canal d'alimentation suivra la *tête* des fosses dans toute sa longueur, et en s'en tenant assez rapproché pour que la couche de terre qui les sépare puisse être traversée par un seul tuyau de terre. C'est par ce tuyau que l'eau passera, par portions égales, du canal dans chacune des fosses. Si les sources (puits ou fontaines) sont multiples et espacées sur la ligne des fosses, chacune d'elles formera un canal alimentant une ou plusieurs fosses.

Il est important que les dimensions du canal et des tuyaux d'alimentation soient calculées de telle sorte que l'on puisse, à un moment donné (à l'époque des gelées) augmenter, doubler ou tripler si faire se peut, le volume d'eau fourni aux cressonnières. Ceci suppose nécessairement que les sources sont plus que suffisantes pour le bon entretien de la culture.

Il n'arrive que trop souvent que, loin d'avoir des réserves d'eau, on n'en ait pas même une quantité suffisante pour le nombre de fosses établies. Mais il faut être bien prévenu que, dans ces conditions, on n'aura jamais de Cresson à porter au marché lorsque cette plante atteint ses prix les plus élevés. C'est

parce que M. E. Billet peut, à un certain moment, à
Gonesse, comme à Duvy, jeter dans ses cressonniè.
res, en même temps que les eaux de ses belles sources, les rivières qui font tourner les moulins, qu'il
est ordinairement seul, dans les grands froids, à
fournir Paris de Cresson.

Un canal ou fossé de décharge reçoit, à leur sortie, les eaux qui ont alimenté les cressonnières. Ces
eaux, dirigées sur les rivières ou leurs affluents, sont
ordinairement perdues. Leur composition (1), modifiée par le fumier qu'on dépose abondamment dans
les fosses, par la végétation qu'elles ont alimentée et
par les détritus du Cresson lui-même, indique qu'on
pourrait en retirer quelques avantages. Elles seraient
certainement précieuses pour l'irrigation des terres
placées en contre-bas des cressonnières; peut-être
aussi (quelques faits observés sur des ouvriers cressonniers semblent l'indiquer), pourraient-elles, usi-
tées en bains, être utilisées dans les affections cutanées.

(1) Ces eaux se chargent de sels ammoniacaux, de nitrates
et de composés ulmiques.

X — Plantation du Cresson

Nous avons à considérer ici : **A,** l'époque la plus favorable à la plantation ; **B,** l'acte de la plantation en lui-même.

A. — « Les mois de mars et d'août ont été reconnus (dit M. Héricart de Thury) les plus favorables pour planter le Cresson. » C'est vrai. Toutefois, il importe de distinguer entre le mois d'août et le mois de mars.

C'est au mois d'août que doivent être faites les plantations, quand on a le choix de l'époque. A ce moment les fosses dans lesquelles le Cresson s'est multiplié et serré pendant la végétation de l'été, peuvent être éclaircies par la levée du plant sans diminution sensible de leurs produits. De nouvelles tiges ont bientôt pris, dans les fosses-mères, la place de celles qui ont été enlevées pour établir les fosses neuves ; il suffit de quelques jours pour que le tapis de verdure reprenne toute son homogénéité première.

En mars, les trouées faites dans les planches-mères

sont plus longtemps à se réparer, plus accessibles aux mauvaises herbes, et la nouvelle plantation est plus lente à se mettre en produit qu'au mois d'août.

Il est cependant un cas qui oblige impérieusement de planter au mois de mars ; c'est celui où les cressonnières ont été détruites en hiver par la gelée. Bien heureux si, dans ce terrible et trop fréquent désastre, on a pu sauver quelques têtes (1) de fosses pour renouveler la plantation.

B. — La terre étant, au préalable, humectée, comme il a été dit plus haut, la plantation du Cresson se fait de la manière suivante :

Le Cresson est jeté à terre par petites touffes espacées l'une de l'autre de 3 à 4 pouces (2), en commençant par la tête, pour finir à la queue de la fosse. La disposition a lieu, autant que possible, par rangées transverses et en quinconce, le haut des tiges étant incliné vers la tête des fosses, c'est-à-dire à

(1) Les têtes des fosses, que préserve leur rapprochement des sources, sont la dernière partie qu'atteignent les gelées.

(2) M. Héricart de Thury fait planter à 8 ou 10 pouces ; mais cette distance est trop grande. On voit alors, en effet, les herbes aquatiques (Lentilles d'eau, Collitriches, etc.), envahir les espaces vides, et se développer au détriment du Cresson.

l'encontre du cours de l'eau qui devra les aider à se redresser. Il résulte de l'inclinaison donnée au plant que le sommet des tiges de la seconde rangée vient reposer entre les racines de la première, celui des tiges de la troisième rangée entre les racines de la seconde rangée, et ainsi de suite.

Comme l'a justement fait remarquer M. Poiteau, le Cresson s'attache aisément à la terre humectée; après quatre ou cinq jours il se redresse, et alors on le baigne dans 5 centimètres d'eau; cinq ou six jours plus tard, c'est-à-dire huit ou dix jours après la planta-tion, on fume en pressant avec l'instrument nommé la *schuële*, et enfin on donne à la fosse, dans laquelle elle devra s'élever et se maintenir à 10 ou 12 centi-mètres de hauteur, toute l'eau qui lui est destinée.

J'ai constaté, comparativement, qu'on rapproche-rait de huit jours environ le moment de la première coupe si, au lieu de jeter le Cresson sur le fond de la fosse, on prenait le temps de le fixer en terre par sa base enracinée.

S'il s'agit, non de planter des fosses neuves, mais de renouveler des fosses anciennes, après les avoir nettoyées de leurs boues, on pourra, ou procéder comme il vient d'être dit, ou recourir à la méthode suivante, imaginée par M. E. Billet, et pratiquée dans ses cressonnières avec un succès qui assure son adoption générale.

Étant donnée une fosse en bon état, c'est-à-dire formant un tapis serré, ou qui n'offre que les vides dus à ce qu'on en aura enlevé çà et là de petites touffes destinées à la plantation d'autres fosses, par la méthode décrite ci-dessus, on *la roule sur elle-même* (comme on le ferait d'un véritable tapis), opération qui se fait très-bien en raison de l'enchevêtrement des racines et de la base radicante des tiges; trois ou quatre ouvriers placés à côté l'un de l'autre roulent ensemble ce tapis d'un nouveau genre. Il est inutile de dire que cette opération se fait en sections dont le nombre augmente avec la longueur de la fosse, et qu'il ne reste qu'à dérouler le tapis, après que les détritus et boues ont été rejetés sur les berges, pour que le Cresson se retrouve à la place même qu'il occupait.

Dans ce mode de replantation, on donne accès à l'eau dès que le Cresson a été remis en place; trois jours après on fume et l'on presse successivement à la schuèle et au rouleau.

La replantation par la méthode Billet ne donne pas seulement une économie de main-d'œuvre, elle offre l'avantage de ne pas retarder, ou de retarder de deux ou trois jours à peine la coupe du Cresson, coupe qui est reculée de quinze jours à peu près par la méthode ordinaire.

XI — Semis du Cresson

« Une cressonnière, dit M. Héricart de Thury, peut être également établie par semis; mais ce procédé est beaucoup plus lent (*loc. cit.*, p. 82). »

Si l'on voulait recourir à ce mode de reproduction, il faudrait, après avoir retiré l'eau, semer sur la boue qui tapisse le fond de la fosse. Mais peu de cressonniers voudront se priver ainsi d'une partie de leurs produits, en même temps qu'ils s'exposeraient à n'avoir peut-être que du Cresson dégénéré.

Il est cependant un point de vue auquel le semis se recommande. Ce n'est plus, il est vrai, comme méthode de culture, mais comme moyen d'obtenir de nouvelles races supérieures aux anciennes. Il est permis d'espérer que, par des semis et des sélections suivis avec persévérance, on perfectionnera encore le Cresson, déjà amélioré par M. Fausset et par M. E. Billet. Je voudrais, en particulier, qu'on arrivât à créer une race à feuilles larges, charnues et étroitement imbriquées ou pressées sur une tige grêle.

XII — Coupe ou cueille du Cresson

Pour cueillir le Cresson, un homme, ayant les genoux garnis d'épaisses genouillères recouvertes d'un gros cuir pris ordinairement à de vieilles selles, se met à genoux sur une planche jetée en travers de la fosse; de la main gauche, il saisit une poignée de Cresson, qu'il soulève un peu vers lui et qu'il coupe de la main droite avec une serpette ou un couteau. Quand il a réuni, ce qu'il fait en trois coups, de quoi former une botte, il lie de suite celle-ci avec un brin d'osier dont il porte un fascicule à sa ceinture, pare des racines trop saillantes, jette la botte dans l'eau à l'ombre de la berge, et coupe prestement de nouvelles bottes. Un maître cressonnier coupe souvent 3 bottes par minute, soit 1,440 par journée de huit heures. Mais on tient un ouvrier pour assez habile quand il donne 2 bottes par minute, ou environ 1,000 bottes par jour.

A Gonesse et à Duvy, où tout est prévu, on porte

les bottes dans un bassin couvert que traversent les eaux d'un canal d'alimentation.

Chaque botte de Cresson a environ 6 pouces de long, 9 à 10 pouces de tour, et pèse de 250 à 275 grammes. Les marchandes au détail, de Paris, les dédoublent souvent.

Au lieu de couper le Cresson en totalité ou à blanc, on laisse de 1/2 à 1/3 des pousses, pour, dit-on, ne pas affaiblir la plantation, mais en réalité parce que les portions ainsi réservées, refoulées par la double opération du *schuelage* et du roulage, s'enracinent par la portion inférieure, croissent avec vigueur, et forment le noyau de la coupe suivante, coupe dont le moment serait reculé par l'exploitation à blanc.

M. Héricart de Thury a dit : « Le mieux est de couper le Cresson avec l'ongle et pied par pied, afin de ne pas le déchausser. » On pourrait se conformer à cette recommandation pour la cueille du Cresson dans un petit bassin de son jardin ; mais, dans la grande culture, le procédé serait coûteux et trop peu expéditif.

M. Héricart de Thury dit encore : « Le cressonnier, couché sur la planche, coupe..... » C'est sans doute par pitié pour le pauvre ouvrier, condamné à couper lentement, brin par brin, le Cresson avec l'ongle, que le savant rapporteur le fait *coucher* sur la planche.

Un ouvrier exercé et qui, il n'est pas besoin de le répéter, ne travaille pas couché et armé de ses seuls ongles, mais à genoux et un couteau ou une serpe à la main, coupe et lie au moins 120 bottes de Cresson par heure, soit 960, ou, en nombre rond, 1,000 bottes en huit heures.

L'opération de la coupe du Cresson étant, en raison de la position incommode que doit prendre l'ouvrier, très-fatigante, la durée de la journée de travail du coupeur est ordinairement fixée à huit heures.

Après chaque cueille de Cresson, il faut donner à la fosse une bonne fumure, schuëler et rouler.

XIII Fumure, schuëlage ou foulage, roulage du Cresson

Il y a longtemps qu'on a remarqué l'influence favorable des fumiers, du sol des cours à purin et des décombres salpêtrés, c'est-à-dire l'influence des matières azotées, sur le développement des plantes de la famille des crucifères. La chimie est venue, non

4.

confirmer, elles n'en avaient pas besoin, mais justifier ces remarques en apprenant que l'azote fait partie des éléments de l'huile âcre et piquante si répandue dans ce groupe de végétaux. Aussi, comme on devait s'y attendre, le fumier est-il aussi utile au Cresson qu'aux Choux et au Colza.

Cependant M. Héricart de Thury ne parle pas de la fumure des fosses, et M. Poiteau se borne à dire : « Après la coupe, on met *un peu* de fumier consommé. » Le conseil de M. Poiteau n'est que trop suivi par une foule de cressonniers qui ne comprennent pas qu'ici encore, la bonne économie consiste à être prodigue d'engrais.

A Duvy et à Goncsse, où chez M. E. Billet, la culture du Cresson répond à ce que l'on entend d'une manière générale par *culture intensive*, on gorge (qu'on me passe le mot) de fumier la fosse après chaque coupe, en introduisant celui-ci entre les tiges de la plante et le disposant par assises transverses qu'on presse fortement avec la schuële. Pour fixer les idées sur la quantité d'engrais que réclame le Cresson, je dirai que ce dernier reçoit annuellement, dans les exploitations de M. E. Billet, environ 1,000 voitures de fumier pesant chacune 1,500 kilogrammes, soit, par an, un poids moyen de 1,500,000 kilogrammes de fumier.

Le fumier préféré est celui de vache. On ne l'emploie que consommé, savoir, réduit à l'état de fumier court et terreauté. Le point le plus convenable à atteindre est bien connu des cressonniers exercés.

La grande quantité de fumier de vache qu'exigent les cressonnières, fait une loi impérieuse de n'établir celles-ci que dans le voisinage de fermes ou d'établissements de nourrisseurs, pouvant fournir l'engrais nécessaire. Les cressonniers des environs de Paris se trouvent généralement bien de charger de fumier, au retour, chez les nourrisseurs des faubourgs et des communes suburbaines, les voitures qui ont porté leur Cresson au marché. A Duvy, où de grandes prairies font partie de la propriété de M. E. Billet, des vaches, entretenues dans l'établissement, fournissent une notable portion du fumier que réclament les cressonnières.

Le fumier, placé dans la fosse entre les pousses de Cresson, est pressé ou refoulé avec la *schuële* (1), instrument consistant en une planche épaisse, large de 6-10 centimètres, ayant en longueur la moitié de la largeur de la fosse, et fixée obliquement à un long manche. Deux ouvriers, marchant en face l'un de l'autre sur chaque bord de la fosse, procèdent au

(1) On dit le schuël. la schuële.

refoulage du fumier. Cette opération, très-impor-
tante, a pour objet de bien fixer le fumier dans la
base radicifère de la plante, et de repousser celle-ci
(qui avait été soulevée au moment de la coupe)
contre le sol. Le fumier empêche d'ailleurs que la
terre boueuse du fond de la fosse ne salisse les parties vertes ou marchandes du Cresson.

On peut comparer, mais non toutefois d'une manière trop absolue, la fumure du Cresson à celle des
Fraisiers. Pour ceux-ci, le fumier (ou le paillis) a
pour objet essentiel de mettre obstacle à ce que la
terre ne couvre les fruits, et de retenir l'humidité
du sol, puis, accessoirement, de fournir quelque
engrais à la plante; la fumure du Cresson doit au
contraire, par-dessus tout, lui fournir un aliment
azoté, et, accessoirement, le tenir dans un état de
propreté, qu'on obtiendrait assez facilement d'ailleurs, au moment de l'embottage, par un lavage
dans les canaux d'alimentation ou dans le bassin-
réservoir.

Après le schuëlage vient le roulage. Celui-ci
s'opère avec des rouleaux particuliers, à mailles,
munis, à leurs deux extrémités, d'un long manche
dont chacun est tiré par un ouvrier marchant sur la
plate-bande ou mur de séparation des fosses.

Le roulage achève d'enfoncer le fumier et de re-

fouler ou *rempiéter* le Cresson qui avait été soulevé;
il couche et refoule notamment les réserves faites
dans l'acte de la coupe, de façon à leur faire produire
de nouvelles racines, accroître leur vigueur et ajouter à la qualité du produit.

Une remarque de M. de Schœnefeld, le savant se-
crétaire-général de la Société botanique de France,
démontrerait au besoin l'influence de la multiplication des racines sur la bonne qualité du Cresson. Cet
ingénieux observateur a constaté que la plante est
beaucoup plus sapide quand elle est couchée sur le
sol, auquel la fixent de multiples racines, que lorsque, attachée par une base étroite, elle s'élève, en
s'allongeant, du sein des eaux profondes. La bien-
faisante action de l'air et de la lumière est sans
doute pour quelque chose dans le résultat général;
mais le rôle principal ne saurait être contesté aux
racines, dont chacune est une bouche par laquelle
la plante puise les matières azotées contenues dans
la vase où elles s'enfoncent.

L'observation faite par M. de Schœnefeld sur la
plante sauvage, éclaire un fait de culture, que les
consommateurs et les cressonniers avaient d'ailleurs
sainement apprécié. C'était autrefois une pratique
fort répandue, de submerger le Cresson pendant une
grande partie de l'hiver pour le préserver du froid.

Or, on a parfaitement reconnu que la plante cultivée, comme celle croissant spontanément, s'effilait
alors, perdait en partie sa riche couleur vert foncé,
et devenait, relativement, insipide.

Le roulage opéré, le plant de la fosse, qui avant
cette opération se montrait irrégulier en raison de
touffes de longueur inégale, a pris l'aspect, qu'il
conservera jusqu'à la coupe prochaine, d'un beau
tapis-moquette vert. Si une trouée venait à se produire, on la comblerait immédiatement en jetant
quelques poignées de Cresson que l'on refoulerait
avec la pointe de la schuële.

XIV — Animaux et Plantes nuisibles

Des fosses à Cresson bien tenues ne doivent donner asile qu'au moindre nombre possible d'animaux,
soit que ceux-ci vivent aux dépens de la plante, soit
qu'ils se servent de ses feuilles pour la construction
de leurs abris.

Parmi les premiers se trouvent divers mollusques,
notamment les Limnées et les Paludines, dont la
coquille est spiralée-conique, et les Planorbes, re-

connaissables à leur coquille plate ou roulée hori-
zontalement. Peut-être, cependant, la médecine trou-
vera-t-elle quelque avantage à utiliser ces mollusques
qui, s'étant nourris de Cresson, participeraient à la
fois de leurs qualités propres et de celles de la
plante. Il est bien superflu d'ajouter que, pour ce
dernier objet, on aurait, non à détruire, mais à
multiplier les mollusques dans les cressonnières.

Un petit insecte, l'Altise (*Altica Sisymbrii*, Fabr.),
qu'on désigne assez souvent sous les noms de Puce,
Lisette, Tiquet, etc , cause de grands dommages dans
les étés secs. Assez grande dans son genre, à corse-
let d'un roux clair et à élytres bordées de noir,
l'Altise s'abat principalement sur le Cresson vers
l'époque de la maturation des Colzas, qu'elle aban-
donnerait alors, dans l'opinion des cresciculteurs.
Cependant l'Altise des Choux et Colzas est spécifi-
quement distincte de celle du Cresson, sur lequel je
ne l'ai pas observée.

L'Altise attaque les vieilles tiges et les feuilles,
qu'elle perfore de façon à les faire ressembler à de
petites écumoires.

On détruit les Altises en les noyant par la submersion momentanée des fosses; les insectes morts
sont enlevés à l'aide de râteaux-filets en grosse toile.

Les plus intéressants des animaux auxquels le

Cresson sert d'abri, sont les Phryganes, ces insectes névroptères qui construisent, avec les pétioles des feuilles, un fourreau souvent bizarrement orné de cailloux ou de très-petits coquillages, et qui ont donné lieu aux intéressantes observations rapportées plus haut, de Réaumur et de Picard.

Mais si quelques animaux nuisent au Cresson en s'attaquant à la plante même, plusieurs espèces de végétaux causent un dommage autrement plus considérable. Ce n'est pas cependant que ces végétaux soient de vrais parasites du Cresson (1), aux dépens de qui ils vivraient, comme le Gui vit aux dépens du Pommier, du Peuplier et d'une foule d'autres arbres. Non; ils sont seulement des voisins incommodes et indiscrets qui étendent, dans les fosses, leur domaine sur celui du Cresson, qu'ils finiraient par étouffer et chasser, si on ne leur faisait bonne guerre. Je citerai, parmi les plantes que la vigilance des ouvriers doit empêcher de prendre domicile dans les cressonnières :

Les diverses espèces de Lentilles d'eau, ou *Lemna*, qui non-seulement gênent le développement du

---

(1) Les *taches* qu'on observe quelquefois sur le Cresson, ne seraient-elle pas dues à un champignon parasite? C'est un point que mes recherches décident par la négative.

Cresson, mais le salissent, en restant appliquées sur
ses tiges et ses feuilles ;

La Véronique Anagallis, la Véronique Beccabunga,
souvent nommée, ainsi que la petite Berle, Cresson
de cheval, la Véronique Scutellaire *(V. scutellata)*,
la Zanichellie *(Zanichellia palustris)*, et les nombreuses variétés de Callitriche *(Callitriche aquatica)*
qui commencent ordinairement par apparaître vers
la tête des fosses, puis s'avancent dans leur intérieur
en suivant de préférence les petits courants qui
viennent à s'établir.

Enfin, les diverses espèces de Berle *(Sium)*, et surtout, aux environs de Paris, la petite Berle *(Sium
Berula, S. angustifolium)*, plante robuste dont les
touffes serrées s'avancent en repoussant le Cresson
devant elles.

On se débarrassera, par le sarclage, de toutes les
plantes étrangères, et on gênera leur reproduction
en plantant immédiatement les clairières qui vien-
draient à se produire dans les planches de Cresson.
Quant à la Lentille d'eau en particulier, le mieux, si
elle est abondante, consiste à l'amener à flottaison
par la submersion de la fosse, et à l'enlever avec
le rateau-filet dont il vient d'être parlé à l'occasion
des Altises. Cette petite plante, souvent si gênante
dans les cressonnières, peut être utilisée pour la

5

nourriture des faisans, des jeunes faisans surtout, dans le régime desquels on la fait entrer avec beaucoup d'avantages au jardin d'acclimation.

Inutile de dire que la première précaution à prendre est de n'admettre, pour l'établissement des cressonnières, que du plant très-propre, ou parfaitement débarrassé des plantes et des petits animaux qu'on aurait plus tard à détruire.

XV — Durée et renouvellement des plantations de Cresson

Nous sommes bien loin de l'époque à laquelle M. Héricart de Thury écrivait : « Un fossé bien planté est en plein rapport dès la première ou la seconde année, suivant la température des eaux et la nature du fond. Il peut durer plusieurs années (*Rapport* cité p. 84). Une bonne cressonnière peut durer longtemps (p. 84). »

Il est aujourd'hui reconnu que dans toute cressonnière bien exploitée les fosses doivent être renouvelées chaque année, et que c'est à peine si, même en plantant par touffes, au lieu de planter par *tapis* ou plaques, le ralentissement momentané de la végétation fait perdre une coupe.

Mais M. Héricart de Thury a parfaitement raison quand il ajoute : « Il faut renouveler la cressonnière aussitôt qu'elle commence à dépérir. On arrache alors le Cresson avec toutes ses racines ; on le dépose sur la plate-bande ou berge qui sépare les fosses. »

Je dois rappeler encore ici que la méthode de M. E. Billet, laquelle consiste, ainsi que je l'ai dit, à enlever le Cresson de la fosse en le roulant sur lui-même à la façon d'un tapis, est à la fois plus expéditive et de beaucoup préférable (à moins que le plant ne soit déjà trop serré) en ce qu'elle suspend à peine la marche régulière de la végétation.

Quand le Cresson a été déposé sur l'un des côtés de la berge, on rejette, sur le *côté opposé*, les boues et détritus du fond de la fosse, et ainsi de suite pour chacune des fosses. Il faut avoir soin dans cette opération, de déposer le plant de Cresson et les boues de telle sorte, que le premier laisse sur la plate-bande ou berge une place suffisante pour ces dernières, et réciproquement. Il est surtout utile que les boues soient assez éloignées de la fosse, pour qu'elles ne glissent pas dans celle-ci ou n'y soient pas précipitées par les pluies. Beaucoup de cresson-

niers laissent ces boues sur la berge, où ils les répar-
tissent uniformément après que le Cresson en a été
enlevé pour la replantation ; mais alors les boues
sont toujours, en partie du moins, ramenées dans
les fosses par les eaux pluviales. Les récoltes intercalaires, dont elles pourraient former l'engrais, ne
justifient pas suffisamment cette pratique, et dans
une exploitation bien tenue les boues devront être
portées sur les champs voisins.

Lorsqu'on replante par la méthode Billet, on n'a
pas à déposer le Cresson sur la berge. Alors, on
roule la plante sur une longueur que limite seul
l'effort à faire pour opérer le roulage d'une masse
déjà grosse, on nettoie la portion de la fosse qui
vient d'être découverte, et aussitôt après on remet le
Cresson en place, en déroulant ce tapis d'un nouveau
genre, puis on continue jusqu'à ce que l'on ait atteint
l'extrémité opposée de la fosse.

Les causes qui entraînent le renouvellement des
planches sont l'élévation du fond de la fosse par les
détritus du fumier et du Cresson lui-même, et surtout la formation, par ces détritus et le mélange d'un
peu de terre, d'une boue qui n'offre pas aux racines
un sol assez ferme. Il peut même arriver que la
planche ou tapis de Cresson, détaché par les eaux de
sa molle base boueuse, vienne flotter sur l'eau (par-

ticulièrement quand on inonde les fosses), comme ces petites îles qu'on observe parfois dans les pays à tourbières.

XVI — Des Récoltes intercalaires

Les récoltes intercalaires des cressonnières peuvent être obtenues par deux méthodes fort différentes.

Les unes de ces récoltes, les seules dont les cressonniers se soient préoccupés jusqu'à ce jour, s'obtiennent sur les plates-bandes qui séparent les fosses ; les autres seront recueillies sur le fond même de la fosse.

Quelques mots sont nécessaires pour fixer la valeur des deux méthodes.

A. *Méthode ancienne* ; *culture des berges de séparation.* — Elle consiste à cultiver sur les berges, à la surface desquelles on étale les boues, divers légumes, tels que Artichauts, Choux, etc.

Cette méthode a pour inconvénients : 1° de faire ramener dans les fosses, par les pluies, par les éboulements, etc., les boues provenant des curages, et même la terre elle-même, tenue toujours meuble par la culture; 2° de gêner considérablement dans les travaux d'exploitation des cressonnières.

Mais les reproches que je fais à la méthode des récoltes sur les berges, ne s'appliquent qu'aux légumes obtenus par la culture proprement dite des berges, et non à tous les produits indistinctement. Je pense, notamment, qu'il est sous tous les rapports avantageux d'établir les berges en prairies naturelles. Alors, plus de boues et de terres entraînées dans les fosses, plus d'obstacles aux travaux des cressonnières, et, par contre, production de foin et création de pâturages suffisants pour l'entretien des vaches, dont les fumiers seront tout transportés au siége de l'exploitation. J'indiquerai d'ailleurs, plus loin, le parti spécialement avantageux que le cressonnier pourra tirer de quelques vaches dans la nourriture desquelles le Cresson entrerait pour une part.

B. *Méthode nouvelle; cultures intercalaires dans les fosses elles-mêmes.* — Cette méthode, en effet bien nouvelle, puisqu'elle n'a pas été appliquée encore, mais sur laquelle j'appelle l'attention des cressonniers, consisterait à cultiver au fond même des fosses (où on laisserait les détritus, que dans la méthode actuelle on ôte par le curage), diverses plantes qui feraient ainsi partie avec le Cresson, d'un assole-

ment régulier, dans lequel la récolte intercalaire re-
viendrait tous les deux, trois, quatre ans, etc.

Les avantages de cet assolement seraient de faire
consommer sur place, en évitant par conséquent tous
frais de transport, les engrais produits par la culture du Cresson, et peut-être de favoriser les récoltes suivantes de Cresson, en modifiant, ou, tout
au moins, en laissant reposer pour lui le fond des
fosses.

Parmi ses inconvénients, il faudrait compter la
nécessité d'avoir un nombre de fosses plus grand que
dans la méthode actuelle d'exploitation.

Peut-être pourrait-on ne demander au fond des
fosses que des cultures dérobées estivales, que l'on
obtiendrait précisément dans la saison où le Cresson
ne se vend à la Halle qu'au prix très-faiblement ré-
munérateur, de 10 à 15 centimes la douzaine de
bottes. Il va de soi qu'en ce cas on conserverait un
nombre suffisant de fosses à plantation drue ou ser-
rée, pour rétablir en automne les fosses qui auraient
été cultivées à la dérobée.

Je suis disposé à croire que les cultures dérobées
seront préférables à l'assolement.

XVII — Influence des saisons

Déjà j'ai été conduit à signaler, dans plusieurs des articles précédents, l'influence des saisons sur la végétation du Cresson. Aussi n'est-ce qu'un précis, un court résumé de cette influence que je vais donner ici.

Le printemps est pour le Cresson, comme pour la généralité des végétaux, l'époque de rapide et luxuriante végétation. Les mois d'avril et de mai tiennent d'ailleurs ici le premier rang. C'est alors surtout que, si la saison est chaude, il faut couper souvent pour éviter la floraison; car la râce Faussier-Billet elle-même monterait à fleur, ce qui ôterait à la récolte toute valeur sur le marché : sous ce dernier rapport, je ferai cependant des réserves pour le Cresson destiné aux usages médicinaux.

En été, le Cresson végète encore avec force et donne d'abondants produits, à la condition, toutefois, que les cressonnières seront dans un sol non tourbeux et recevront un volume suffisant de bonnes eaux.

On avait conseillé d'abriter les cressonnières contre

les ardeurs du soleil par des plantations d'osiers, de peupliers, de saules, etc. Mais, en automne, les feuilles qui tombent des arbres dans les fosses salissent la récolte. Le Cresson ne redoute d'ailleurs aucunement la chaleur, pourvu qu'il soit baigné par un volume suffisant d'eaux vives et fraîches. Aussi, la pratique des personnes qui croient pouvoir diminuer le volume d'eau en été n'est-elle rien moins que rationnelle.

Le mois d'août est préféré à celui de mars pour la formation ou le renouvellement des cressonnières; la reprise plus facile du plant et la moindre cherté du Cresson à cette époque, paraissent être les motifs de cette préférence.

L'été cause habituellement le chômage des cressonnières, dans trois cas : lorsque le volume d'eau est insufffsant, lorsque la cressonnière est établie sur un sol tourbeux, quand elle est trop éloignée du centre de consommation.

Si l'on introduisait des assolements ou des cultures dérobées dans l'exploitation des cressonnières, c'est vers le mois de mai que les fosses seraient mises à sec pour les cultures intercalaires, et en août ou septembre qu'elles seraient rendues au Cresson.

On achèverait, au commencement de l'automne,

5.

les plantations qui n'auraient pu être faites vers la fin de l'été.

L'hiver est la saison redoutée des cressonniers. C'est lui qui décidera de leurs bénéfices ou de leurs pertes. Si, à cette époque des prix essentiellement rémunérateurs, ils peuvent envoyer des produits au marché, leur campagne aura été bonne; leur compte se soldera, au contraire, avec des pertes proportionnelles à la gelée qui aura atteint les fossés.

Des eaux chaudes, c'est-à-dire à sources très-voisines des fosses; des eaux assez abondantes pour établir un courant rapide, voilà ce qui sauvera le Cresson et les cressonniers.

Si le froid est vif, et cependant que l'on ne craigne pas la congélation de l'eau, on fera en sorte que celle-ci affleure seulement le sommet des pousses du Cresson. Mais si le froid est plus intense, si l'on a des eaux froides ou en volume insuffisant, il faudra écluser la fosse de façon que la surface de la nappe d'eau dépasse le Cresson de toute l'épaisseur à laquelle pourrait atteindre la couche de glace. Aussitôt le dégel arrivé, on casse la glace, qu'on rejette sur la berge, et l'on baisse peu à peu le niveau de l'eau. La submersion fatiguant beaucoup le Cresson, qu'elle ferait avec le temps passer à la variété (var. *Siifolium*) qu'on rencontre à l'état sauvage dans les fossés profonds, il ne faut la pratiquer que le temps strictement nécessaire.

Bien souvent on perd toute sa plantation pour ne pas avoir su ou voulu faire *la part du froid*. Heureux si alors on sauve la tête des fosses. Le mieux à faire, dans les conditions mauvaises où sont beaucoup de cressonnières, est de submerger la plupart des fosses, puis de mettre toute l'eau courante aux autres.

Je n'oublierai jamais que, visitant pendant l'hiver de 1855 les cressonnières voisines de Paris, je les trouvai toutes gelées, à l'exception de celles de Gonesse, jusqu'aux têtes des fosses. Faut-il ajouter que dans les petites cultures de Cresson, dans les bassins, par exemple, où l'on élève cette plante pour sa consommation particulière, on pourra, suivant le conseil de M. Héricart de Thury, la préserver du froid en la recouvrant de planches percées de trous. Cependant on atteindrait mieux les résultats cherchés, savoir, la préservation du froid et le non étiolement, en substituant aux planches percées pour le passage de la lumière, des paillassons offrant quelques claires-voies.

XVIII — Transport du Cresson

La question du transport du Cresson est important. Si la distance à parcourir du lieu de production à celui de vente ou de consommation est considérable, le frêt est trop cher et la plante s'échauffe ou elle se fane pendant le trajet.

Les chemins de fer, en opérant un transport rapide, tendent à provoquer la production du Cresson dans les contrées éloignées des villes; mais les frais d'embarquement, de débardage et de transport à la halle, le tarif actuel des compagnies, la nécessité alors de frais spéciaux pour l'apport des engrais, font délaisser, momentanément du moins, ces voies rapides, mais onéreuses (1).

Reste le transport par les voitures. C'est à lui que les cressonniers ont encore recours. Ils profitent de la fraîcheur des nuits pour amener à Paris leur récolte, qui y arrive d'autant mieux conservée que la distance à parcourir est plus courte. Moins de frais

(1) Cependant M. E. Billet apporte à Paris, par la voie de fer, le Cresson de Duvy. Un troupeau de vaches produit sur place le fumier nécessaire.

de transports, produits plus marchands, tels sont les grands avantages qu'ont, sur leurs confrères, les cressonniers d'Arnouville, de Gonesse, de Goussain-ville et de Saint-Gratien, dont les établissements sont les plus rapprochés de Paris. La cressonnière nouvellement formée à Buc, et qui compte, sinon parmi les plus considérables, du moins parmi les mieux tenues, écoule presque toute sa récolte à Versailles, dont elle n'est séparée que par quelques kilomètres, et où le prix de vente est plus élevé qu'à Paris.

Voici un aperçu sur l'effet des distances, en été. Pour que les produits soient rendus aux halles à quatre heures du matin, il suffit à Gonesse et à Saint Gratien de faire partir leurs voitures à dix heures ou onze heures du soir, tandis que Senlis doit mettre les siennes en route à cinq heures, et Baron dès midi ou onze heures du matin. Quant aux localités plus éloignées, on y abandonne ordinai-rement les cressonnières durant la saison chaude.

Afin d'éviter autant que possible l'altération du Cresson (prompte surtout à se produire par les temps d'orage) pendant le transport, on a imaginé pour ce-lui-ci des paniers d'osier fort bien appropriés à leur but. Ces paniers, assez grands pour contenir vingt-deux, vingt-cinq ou même cinquante douzaines de

bottes de Cresson, ont un fond à claire-voie et sont
élevés sur deux traverses fixées extérieurement, de
façon à préserver le fond du panier tout en laissant à
l'air un libre accès dans l'intérieur. Dans l'axe, ou
entre les têtes des bottes de Cresson qu'on a disposées
tout autour du panier, aux parois duquel les racines
sont adossées, est ménagée une cheminée que l'air
parcourt librement. Des brins d'osier arc-boutés
maintiennent les bottes et les empêchent de glisser
dans la cheminée d'aération.

On ne sort d'ailleurs les bottes du réservoir, dans
lequel elles baignaient depuis le moment de la
coupe, que pour les porter dans les paniers ; quelques arrosoirs d'eau sont, de plus ordinairement,
jetés sur les paniers avant le départ.

Si, par une circonstance quelconque, on était
contraint d'ajourner l'expédition d'une récolte faite,
il faudrait délier immédiatement les bottes et laisser
le Cresson dans l'eau d'un réservoir bien abrité du
soleil.

C'est aussi en déliant les bottes et baignant le Cresson (au moins dans sa moitié inférieure) que les
débitants au détail et les consommateurs pourraient
conserver quelque temps leur provision sans qu'elle
pourrisse ou se dessèche.

XIX — Rendement ou produit des Cressonnières

Le nombre des fosses à Cresson était approximativement le suivant au 1er janvier 1865 :

A Arnouville	45 fosses.
A Baron.	57 —
A Bellefontaine-Luzarches . . .	38 —
A Borest, Fontaine et Mont-Lévêque.	70 —
A Buc	12 —
A Duvy-en-Valois.	140 —
A Gonesse	190 —
A Goussainville	40 —
A Mairion, près Clermont (Oise).	40 —
A Mitry-Mory, à Tremblay. . .	28 —
A Nanteuil-le-Haudouin. . . .	15 —
Région de l'Orléanais. (Mentionnée par M. Héricart de Thury.)	35 —
Région d'Orry-la-Ville, à Pontarmé.	25 —
A Presles et environs.	45 —
A Sacy-le-Grand	40 —
A Saint-Gratien et environs. . .	50 —
A Saint-Léonard	41 —
A Senlis	43 —
Vallées de l'Yvette, de l'Orge et de l'Essonne	80 —
Total.	1,034 —

Soit, en nombre rond, 1,000 fosses dont les produits alimentent le marché de Paris.

Le produit des cressonnières de M. E. Billet est, pour 330 fosses, de trois cent trente mille douzaines de bottes pour l'année entière, ou de mille douzaines par fosse et par an. Pendant le seul trimestre d'avril à juin, époque de la végétation la plus active, les cressonnières de Duvy et de Gonesse envoient au marché environ quatre-vingt-dix mille douzaines de bottes, soit en moyenne douze mille bottes chaque jour. A certains jours, la quantité envoyée dépasse quinze mille bottes !

Les cressonnières très-bien tenues d'Arnouville, de Goussainville, de Saint-Léonard, de Buc, etc., donnent aussi des produits considérables.

Si les 1,034 fosses qui existent dans nos environs donnaient un produit égal à celui des cressonnières Billet, c'est un million trente-quatre mille douzaines de bottes de Cresson que les Parisiens consommeraient annuellement; mais il faut compter qu'à peu près 450 fosses ne produisent, faute d'eau ou d'engrais, par négligence ou par chômage forcé dans les chaleurs sèches de l'été ou au cœur des hivers, qu'un produit moyen de cinq cents douzaines de bottes par an, ce qui réduit la production totale à cinq cent quatre-vingt-quatre mille, plus deux cent vingt-cinq mille, soit huit cent vingt-neuf mille douzaines, ou neuf millions neuf cent quarante-huit mille bottes.

Il y a deux ou trois ans seulement, le chiffre de la production n'atteignait pas six millions de bottes.

Le renchérissement du Cresson, qui a suivi celui des autres denrées alimentaires, a provoqué la formation de nouvelles fosses et stimulé les propriétaires d'anciennes cressonnières, qui ont doublé les produits en améliorant leurs cultures.

La vente en gros du Cresson se fait aux Halles centrales de Paris par un facteur spécial. Toutefois, plusieurs cressonniers, parmi ceux qui n'ont que de petites cultures, livrent directement tout ou portion de leurs produits aux *fruitiers*.

Le prix moyen du Cresson, aux Halles, était évalué, en 1835, par M. Héricart de Thury, à 1 fr. 30 c. la douzaine de bottes; ce prix était, en 1842, suivant M. Poiteau, de 80 c. Des renseignements authentiques me permirent d'établir que le prix moyen, en 1857, ne dépassait pas 36 c.; aujourd'hui, le prix moyen du Cresson n'est pas inférieur à 45 c. Il résulte de ces chiffres, qu'après avoir suivi une marche rapidement descendante, le prix du Cresson est en voie de se relever. Or, ce dernier fait me paraît d'autant plus digne d'être remarqué, qu'il coïncide avec une amélioration sensible des cultures anciennes, en même temps qu'avec un accroissement important du nombre des cressonnières.

Le renchérissement de toutes les denrées alimentaires et la moindre concurrence faite au Cresson par les légumes verts pendant les étés chauds et secs de 1858 et de 1859, ne sauraient être étrangers à la phase ascendante dans laquelle se trouvent les prix de ce dernier ; mais il faut sans doute tenir compte principalement du goût, de plus en plus prononcé, des diverses classes de la société pour la *santé du corps*.

Si, au lieu de considérer les prix moyens, on recherche les prix extrêmes, on trouve que les prix s'abaissent à 10 et 12 c. vers le mois de juin, alors que la production maximum des fosses se rencontre sur le marché avec la plus grande abondance de légumes verts, tandis qu'ils se relèvent de 1 fr. à 1 fr. 50 c. à l'époque des sécheresses de l'été et surtout pendant les gelées de l'hiver (1). C'est la durée des prix *maxima* qui décide des bénéfices de la campagne agricole.

Les données précédentes font d'ailleurs connaître que la somme produite par la vente du Cresson, en supposant que cette vente eût lieu tout entière en

---

(1) Parfois le prix s'élève, en hiver, jusqu'à 3 fr. la douzaine de bottes.

gros à la Halle de Paris, serait de huit cent mille douzaines de bottes multipliées par 45 c., égalerait 360,000 fr., chiffre qu'il faudra quadrupler pour avoir la somme de 1,440 000 fr., de laquelle se rapproche la vente au détail.

Ces chiffres, qui ont leur importance, montrent toutefois combien sont exagérées des appréciations comme les suivantes, que nous trouvons dans un grand journal : « ..... *En toute saison, il entre dans Paris plus de trente voitures par jour, chargées chacune de 300 fr. de Cresson, ce qui représente une consommation de 9,000 fr. par jour, 3,240,000 fr. par an.* » M. Héricart de Thury avait dit lui-même : « Anciennement, la vente du Cresson arrivant par fouées ou bottes s'élevait, dans la belle saison, à 400 fr. ou 500 fr. par jour, et moitié au plus en hiver; aujourd'hui il en arrive, en toute saison, plus de vingt voitures au prix de 500 fr. chacune ; ainsi, c'est 10,000 fr. de consommation journalière. » (Héricart de Thury, *Loc. cit.*, p. 87).

La vérité est qu'aujourd'hui, la masse de la production étant cependant triple de ce qu'elle était au temps où écrivait M. Héricart de Thury, le commerce du Cresson, à Paris, est très-approximativement, au détail, de 120,000 fr. par mois, de 4,000 fr. par jour, ou, en nombre rond, par jour, deux mille douzaines de bottes, représentant en moyenne la charge de huit ou dix voitures à un cheval. On reconnaît d'ailleurs, que M. Héricart de Thury n'était pas très loin de la vérité quant au chiffre même du produit de la vente, si l'on considère que, de son temps, le prix moyen de la douzaine de bottes, en gros, aurait été de 1 fr. 30 c. au lieu de 45 c.

§ III

DONNÉES CHIMIQUES SUR LE CRESSON

La connaissance des faits qui touchent à la composition chimique du Cresson, importe beaucoup, parce que seule, et en dehors de l'expérience acquise, la connaissance de cette composition suffirait pour faire apprécier la valeur de notre plante, tant au point de vue de la médecine, qu'à celui de l'hygiène générale, et qu'elle fixe sûrement les variations de cette valeur, suivant des circonstances au nombre desquelles il faut citer en première ligne:

Les modes divers de culture (ou même l'absence de toute culture) ;

La saison dans laquelle s'opère la cueillette du Cresson;

Le développement plus ou moins avancé de la

plante, dans lequel il importe spécialement de distinguer l'état herbacé et l'état de floraison ;

L'insolation qui peut se présenter à des degrés divers (indépendamment des variations dues aux saisons elles-mêmes) ;

Et surtout, la nature des eaux.

Le Cresson qui se consomme à Paris, étant toujours un produit de culture, cueilli à l'état *vert* ou herbacé, c'est-à-dire avant la production des fleurs, c'est à ce Cresson cultivé et vert, auquel il faut rapporter tout ce que nous disons du Cresson, à moins d'indications contraires et formelles.

Nous allons considérer successivement, et avec les détails seulement indispensables, les points suivants de l'analyse du Cresson :

Le *suc ;* ses proportions relativement au marc ; des effets de la simple dessiccation de la plante (et de ceux de sa coction) ; des propriétés du suc comparées à celles du marc ;

L'*extrait ;* quelle est sa proportion dans le suc ; quelles sont ses qualités par rapport à celles du suc avant son évaporation ;

Les *huiles essentielles sulfo - azotées ;* variations suivant l'âge, la culture et l'insolation ;

L'*iode ;* proportions variables avec l'âge de la

plante et la composition des eaux de la cressonnière.

Le *fer*; ses variations avec les eaux, etc.

Enfin, la composition générale des éléments minéraux restant après l'incinération de la plante.

Suc. — Et d'abord, quel est le rapport du *suc* au
marc de Cresson?

Comme toutes les plantes aquatiques et d'une
croissance rapide, le Cresson est très-riche en suc.
Une botte du poids de 275 grammes fournit, en
moyenne, par contusion et expression, 190 grammes
de suc et 85 grammes de marc, soit : suc, 70 p. 100;
marc, 30 p. 100.

Mais le marc retient encore une notable proportion de suc, car, desséché à + 100° c., il perd à peu
près les deux tiers de son poids. Or, en ajoutant cette
perte, due à l'évaporation du suc que retenait le
marc, au poids du suc obtenu en soumettant à la
presse la plante contuse, on trouve qu'en définitive
100 grammes de Cresson sont formés de : suc,
90 grammes; tissu végétal, etc., séché à + 100° c.,
10 grammes.

Si, au lieu de dessécher le Cresson d'une façon
absolue, à une température de 100 degrés, on se
contente de le sécher à l'air, à la température ordi-

naire, il ne perd plus de 90 à 92 p. 100 de son poids, mais seulement 75 à 80 p. 100.

Le cresson est-il privé par la *dessiccation* des qualités qui le font rechercher en médecine et dans l'économie domestique? On peut répondre à cette question par un aperçu sommaire des matières auxquelles il doit ces qualités. Or, en négligeant ce qui n'a ici qu'une valeur secondaire, ces matières sont:

1. L'*huile essentielle sulfo-azotée*, qui donne au Cresson sa saveur piquante;

2. Un *extrait amer*;

3. De l'*iode*;

4. Du *fer*;

5. Des *phosphates.*

De ces substances, deux seulement, l'huile essentielle et l'iode, sont volatiles, et pourraient dès lors se perdre par la dessiccation; mais l'iode est fixé par sa combinaison avec la potasse que contient toujours la sève; et quant à l'huile sulfo-azotée, la sapidité que conserve la plante et des dosages exacts le prouvent, elle ne se dissipe pas complétement dans l'acte de la dessiccation.

On avait admis jusqu'à ces derniers temps que le Cresson, et avec lui les autres plantes de la famille des crucifères, perdaient complétement, par la dessiccation, le principe piquant qui les fait rechercher dans la médication anti-scorbutique. Déjà M. Lepage avait prouvé qu'il n'en était rien pour le Raifort; mes observations établissent qu'il en est de même du Cresson.

Cependant le principe piquant est assez volatil pour se dissiper tout à fait sous l'action d'une élévation de température, par exemple dans la coction appliquée au Cresson comme elle l'est habituellement aux Epinards. A cette action de la chaleur se rattache une application du Cresson comme aliment que je rappellerai plus loin.

Mais revenons au suc du Cresson pour le comparer au marc. Les principes actifs ou utiles se retrouvent-ils dans le suc ou restent-ils engagés dans le marc? On pouvait le prévoir en partie, et je l'ai établi par des recherches multiples : l'huile sulfo-azotée, l'iode et la matière amère passent tout entières dans le suc, ou du moins ne restent avec le marc qu'au prorata du suc que celui-ci retient, en proportion variable, suivant le degré de puissance des moyens d'extraction; quant au fer et aux phosphates, ils restent en partie avec les tissus végétaux formant la base du marc.

On pourra donc, dans les applications médicinales, négliger le marc pour le suc.

EXTRAIT. — Lorsqu'on évapore à siccité le suc de Cresson, il reste, comme après l'évaporation de tous

les sucs des plantes, un résidu solide connu sous le nom d'*extrait*. Il n'était pas sans intérêt de savoir quelle proportion d'extrait est contenue dans le suc, et quelles sont les propriétés de cet extrait par rapport au suc dont il représente les parties non volatilisées dans l'acte de l'évaporation. Voici à cet égard les résultats obtenus à différentes époques de l'année :

Mars; Cresson vert,	5	0/0 du suc.
Avril;	—	4,8 0/0	—
Mai;	—	5,2 0/0	—
Juin;	—	5,3 0/0	—
Juin; Cresson en floraison,	6,9 0/0	—
Juillet; Cresson vert,	5,4 0/0	—
Août;	—	5,4 0/0	—
Octobre;	—	5,2 0/0	—
Décembre;	—	5	0/0	—

D'où l'on voit, que la quantité d'extrait, pour le Cresson vert, est à peine plus considérable en été qu'en hiver, comme si la lenteur de l'accroissement dans la seconde de ces saisons était compensée alors par la moindre concentration des sucs, la transpiration de la plante s'exerçant plus faiblement.

Mais de la comparaison du Cresson fleuri au Cresson vert, il ressort clairement que les sucs du Cresson sont notablement plus concentrés (de 30 0/0 environ), dans la plante fleurie que dans celle n'ayant encore produit que les parties herbacées.

Ce fait devra d'autant moins être perdu de vue dans les applications médicales, que l'extrait est notablement le plus amer dans la plante en floraison, et que le principe amer est regardé comme ayant une part importante dans les propriétés toniques et dépuratives du Cresson.

Il faut ajouter que l'extrait de Cresson n'est pas complétement privé des principes sulfo-azotés de saveur piquante, pourvu qu'il ait été obtenu par la concentration du suc à une basse température, par exemple dans une étuve ou à l'aide d'un appareil à évaporer, dans le genre de celui qu'emploie M. le professeur Grandval, de Reims, dans la fabrication en grand des extraits.

Huiles essentielles sulfo-azotées. — On sait qu'il existe dans les plantes de la famille des crucifères (famille à laquelle appartient le Cresson), une huile essentielle sulfo-azotée, que cette huile essentielle est généralement la même pour toutes les crucifères, qu'elle a été l'objet des travaux de chimistes célèbres, entre lesquels il faut citer MM. Dumas, Pelouze, Bussy, Boutron et O. Henry, Wöhler, Pleiss, etc., et qu'elle peut être représentée par une combinaison de soufre et de sulfocyanogène avec un radical organique hydrocarboné (C 12 H 10), qui a reçu le nom d'*allyle*. Toujours est-il que cette huile essentielle sulfo-azotée, à laquelle revient une grande part dans l'action médicale du Cresson, donne, quand on la traite à chaud par la potasse, de l'ammoniaque dans laquelle entre tout son azote, du sulfure et du sulfocyanure de potassium qui retiennent tout son soufre.

L'allyle, radical de l'essence ordinaire des Crucifères, n'existe pas seulement dans les espèces de cette famille, il se trouve aussi dans l'essence de l'Ail *(Allium)*, plante de laquelle il tire même son nom. Mais l'essence d'Ail, loin d'être identique à celle des crucifères, en diffère par ces deux points : absence de tout azote ; réduction à moitié de la proportion de soufre. C'est dire que les éléments du sulfocyanogène manquent, et que cette essence n'est plus qu'un simple sulfure d'allyle.

Cependant, ici encore il y a du soufre, cet agent de si nombreuses médications, et nous allons voir l'essence sulfurée de l'Ail se réunir dans le Cresson à l'essence sulfo-azotée des crucifères.

On avait depuis longtemps fait la remarque qu'une plante, de la famille des Crucifères comme le Cresson, que l'Alliaire, espèce assez commune dans les lieux ombragés, exhale, quand on froisse ses feuilles, non l'odeur du Cochléaria ou de la Moutarde, mais, au contraire, celle de l'Ail; c'est même de là que le nom de la plante fut tiré. L'analyse chimique a confirmé l'aperçu que suggérait la simple odeur, en établissant que c'était bien, en effet, l'essence d'Ail, et non celle des autres crucifères, que contenaient les feuilles de l'Alliaire, surtout quand la plante s'est développée à l'ombre, cas le plus ordinaire.

Or, il est très-digne de remarque que le Cresson, par un heureux attribut qu'il ne partage qu'avec un bien petit nombre de ses congénères, renferme à la fois et l'essence des crucifères et l'essence de l'Ail, comme si la Providence eût voulu concentrer en lui, sous deux combinaisons différentes quoique analogues, le soufre, cet élément si important de toutes les médications ayant pour objet les affections des voies respiratoires, les maladies cutanées et divers vices du sang.

Cette huile essentielle, à la fois sulfureuse et azotée, qu'on avait cru longtemps être l'attribut exclusif des crucifères, existe toutefois dans trois autres groupes naturels de végétaux : dans les capparidées et les limnanthées où j'ai signalé sa présence, dans les tropéolées (les Capucines) où elle a été découverte par M. Cloës, le savant aide de chimie de

6.

M. Chevreul au Muséum. Et ce qui suffirait à
prouver le grand rôle que remplit l'huile sulfo-
azotée dans les médications antiscorbutique, etc.,
c'est que précisément ces plantes, capparidées, tropéolées, limnanthées passent pour avoir les propriétés des crucifères, et remplacent le Cresson dans les
régions chaudes de l'Asie et du Nouveau–Monde. Le
Limnanthe de Douglas (*Limnanthes Douglasii*) serait
même désigné sous le nom de *Cresson fleuri*, appel-
lation qui se rapporte et à la saveur de ses pousses
semblable à celle du Cresson, et aux fleurs amples,
assez éclatantes, blanc et jaune, qu'il porte en grand
nombre.

La proportion de l'huile essentielle varie, dans le
Cresson, suivant certaines circonstances dont il faut
être prévenu. Contrairement à ce qu'on eût pu croire
a priori, cette huile n'est pas toujours plus abondante dans la plante sauvage que dans celle cultivée.
Il résulte, en effet, d'un assez grand nombre de dosages :

Que la plante sauvage est un peu plus riche en
principes sulfo–azotés que la plante cultivée et
non fumée ;

Mais que le Cresson cultivé et abondamment fu-
mé, comme il l'est dans les cressonnières à culture
intensive de Duvy et de Gonesse, est, au contraire,

plus chargé d'huile sulfo-azotée que le Cresson sauvage. On comprend bien que les fumiers, eux-mêmes riches en azote et en soufre, cèdent ces matières à une plante qui en est avide. C'est d'ailleurs une observation très-ancienne que certaines plantes, au premier rang desquelles sont les crucifères, semblent rechercher le voisinage des habitations, ordinairement imprégné des détritus azotés et sulfurés des animaux.

La proportion des principes sulfo-azotés varie aussi avec l'âge de la plante et son insolation.

Le Cresson fleuri est sensiblement plus riche (approximativement dans le rapport de 5 à 4) en principes piquants ou huiles sulfo-azotées que le Cresson vert; d'où l'on voit que ces matières se concentrent dans la plante par la continuation de sa végétation.

L'influence de l'insolation sur la production des huiles sulfo-azotées est très-manifeste. A l'ombre des arbres, ou même dans les fosses très-profondes ombragées par leurs berges, le Cresson reste presque sans saveur. Il est, au contraire, de saveur d'autant plus piquante qu'il croit dans des lieux plus découverts.

Ces observations ne doivent pas être perdues de vue dans l'établissement de cressonnières.

Iode. — Voici un élément : l'*iode*, qui, inconnu
encore en 1813, époque où la découverte en fut faite
par le salpétrier Courtois dans les eaux-mères des
soudes de Varech, a pris sous la double impulsion
de savants chimistes et d'habiles médecins, la plus
grande place qu'aucune substance puisse occuper
dans les domaines de l'hygiène et de la thérapeutique. Telles sont aujourd'hui les applications de l'iode
dans la cure de maladies d'ordres les plus divers,
affections des voies respiratoires et vices du sang,
antidote des maladies virulentes, etc., qu'on pourrait dire de lui, avec plus de raison qu'on ne le dit
autrefois d'un de nos grands médicaments : qu'il faudrait renoncer à l'exercice de la médecine si l'on
était contraint de renoncer à l'emploi de l'iode.

Mais revenons au Cresson, dans lequel l'iode est,
on peut le dire par rapport à d'autres plantes, en
quantité notable. D'ailleurs le Cresson joue dans
l'histoire de l'iode un rôle très-important. Voici
comment :

On avait cru, jusqu'à ces derniers temps, que
l'iode n'existait que dans les Varechs et dans quelques autres plantes des bords de la mer ou des sources salées qui, comme à Dieuze ou à Saint-Nectaire,
sont minéralisées par des dépôts de sel gemme ; que,
par conséquent, il avait une origine exclusivement

marine. Mais le chimiste Müller venait de reconnaître la présence de l'iode dans une plante d'eau douce, le Cresson, et ce résultat, peu connu ou mis en doute par les autres chimistes, fut consigné dans un livre de botanique, le Règne végétal (*Vegetable Kingdom*), publié en Angleterre par le savant professeur Lindley, qui y rattacha, au moins pour une bonne part, les qualités médicinales du Cresson.

Le fait signalé par Müller, et rapporté par Lindley, frappa vivement mon attention, et ce sont les recherches ayant pour point de départ sa simple vérification qui me conduisirent successivement à trouver l'iode dans toutes les plantes des eaux douces et dans ces eaux elles-mêmes, dans les plantes terrestres, dans les terres et tous leurs produits, dans presque tous les composés minéraux, dans l'atmosphère et jusque dans les aréolithes, ces minéraux d'un autre monde qui, de temps à autre, tombent sur notre planète. C'est ainsi que le Cresson a joué un rôle considérable dans l'histoire de l'iode, qui n'est plus aujourd'hui une matière essentiellement marine, mais un corps dont la diffusion générale est établie. Et cette diffusion est si nécessaire, que là où, par des conditions chimiques ou topographiques spéciales, l'iode manque, ou que du moins sa proportion est réduite au delà de certaines limites, des maladies particulières, le goître, le crétinisme, etc., frappent les populations.

L'iode existe donc dans le Cresson, il y existe même en quantité assez forte pour avoir été découvert à une époque où les procédés de la chimie pour le déceler étaient loin d'avoir atteint le degré de précision auquel ils ont été portés depuis. Mais cette quantité, cette proportion de l'iode dans notre plante est-elle fixe, ou variable suivant certaines conditions susceptibles d'être appréciées? c'est un point qu'il importait d'éclairer.

A cet effet j'entrepris sur le Cresson et les autres plantes d'eau douce, une série nombreuse de recherches dont le résultat général est celui-ci :

Dans toute plante aquatique, la proportion de l'iode s'élève ou s'abaisse avec la proportion de ce corps existant dans l'eau elle-même. Par conséquent, le Cresson sera pauvre ou riche en iode, suivant que l'eau au sein de laquelle il aura végété, sera elle-même pauvre ou riche en iode.

On pourra donc connaître approximativement la quantité d'iode dans un Cresson donné, par la simple analyse de l'eau qui le baigne.

Ici se place une observation importante. L'iode, d'après mes analyses, accompagne toujours le fer dans les eaux (une exception doit être faite pour quelques eaux ferrugineuses très-chargées de sels terreux, comme les eaux de Passy), de telle sorte que j'ai pu dire de lui « qu'il est le satellite du fer (1). » On peut donc prévoir que le Cresson des eaux ferrugineuses sera riche en iode.

Or, comme les eaux ferrugineuses déposent près du point d'émergence de leurs sources, une boue ocracée, on voit que même sans recourir à aucune analyse, on peut affirmer des eaux qui forment de tels dépôts :

Elles sont iodurées ;

Le Cresson qui y croîtra sera riche en iode.

Telle est l'eau de la source Marie à Duvy, tel le Cresson que cette source alimente.

D'après un assez grand nombre de dosages, chaque botte (du poids de 275 grammes) de Cresson vendu à Paris, contient, en moyenne, 1 milligramme d'iode, tandis que le Cresson de la source Marie, et celui de rigoles qu'alimentent deux petites sources ferrugineuses, l'une à Yvette, l'autre dans un parc de Ville-d'Avray, en renferment à peu près 3 milligrammes.

(1) L'iode est aussi le satellite du soufre, il ne manque dans aucune eau sulfureuse, même dans les eaux fort terreuses de Pierrefonds et d'Enghien.

Ces faits ne sauraient être indifférents, quand il s'agit de l'emploi médical du Cresson.

On sait d'ailleurs, les observations du savant docteur Rilliet, de Genève, l'ont établi, comme depuis longtemps on eût pu le déduire de l'efficacité de certaines eaux minérales contre le goître, etc., que l'iode est un agent qui opère à doses minimes.

LE FER. — Tous les végétaux contiennent une petite quantité de *fer*, qu'on trouve dans leurs cendres après la combustion. On peut admettre que la présence de ce métal dans les plantes est indispensable à leur vie normale, au jeu régulier de leurs fonctions. Toujours est-il que celles dont les feuilles sont décolorées ou atteintes de chlorose, reprennent leur couleur verte et leur vigueur quand on les arrose, suivant le conseil de Gris, avec une solution de sel de fer. Un habile chimiste, M. Verdeil, avait même été conduit, par quelques analyses non confirmées depuis, à dire que le fer est nécessaire à la composition de la matière verte des feuilles, comme il l'est à la constitution des globules sanguins des animaux.

Mais ce qui nous intéresse dans le Cresson, est moins la petite proportion de fer commune à tous les végétaux, que la quantité, relativement considérable, et quintuple de la quantité ordinaire, dont notre plante peut se charger dans des conditions spéciales, par exemple lorsqu'elle végète au sein d'eaux provenant de sources ferrugineuses, comme celles de la source Marie à Duvy. Voici des faits comparatifs.

La proportion moyenne d'oxide de fer existant dans les cendres de Cresson venu dans les eaux communes, est de 1/2 pour cent, soit de un deux-centième de la masse totale. Cette même proportion a été trouvée au contraire, dans la cendre de Cressons développés dans les eaux de la source Marie, de 2, 2 1/2, 3 pour cent ! savoir, du quadruple au sextuple de la quantité ordinaire.

La proportion du fer est sensiblement plus faible dans le Cresson fleuri que dans la plante encore verte ou herbacée.

Or, c'est précisément la quantité considérable de fer, concentrée par le Cresson dans sa végétation au milieu des eaux ferrugineuses, qui me paraît ne pas devoir moins fixer l'attention du botaniste physiologiste que celle de l'hygiéniste et du médecin, ces derniers devant trouver là, à l'état le mieux préparé pour l'assimilation, le fer auquel ils ont si souvent recours, et duquel on peut dire avec certitude, que l'homme ne saurait exister sans lui. On sait qu'une médaille peut être frappée avec le fer entrant

7

dans la constitution du sang d'un seul des membres de la grande famille humaine, et ne sommes-nous pas chaque jour témoins du trouble qu'apporte à la santé, l'appauvrissement du sang en fer, par suite d'une alimentation trop peu ferrugineuse ou d'une assimilation insuffisante ?

LES PHOSPHATES. — Il en est du *phosphore* comme du fer et de l'iode ; toutes les plantes en renferment et ne peuvent s'en passer, tous les animaux le comptent parmi leurs principes essentiels, fondamentaux. Les phosphates entrent pour une part notable dans la formation des graines; ils sont la base de la charpente osseuse des animaux.

Cependant nous n'accordons que peu d'importance à leur dosage dans le Cresson; d'abord parce qu'étant à peu près complètement insolubles, ils restent engagés dans le marc toutes les fois que c'est le suc, et non la plante elle-même que l'on emploie ; ensuite parce que l'homme trouve dans les agents ordinaires de son alimentation des sources de phosphore à côté desquelles le Cresson ne saurait avoir qu'un rôle secondaire. Il en est tout autrement de l'iode et des principes sulfo-azotés, dont la présence et les proportions dans le Cresson ne sauraient être mises assez en relief.

J'ajoute seulement, quant aux phosphates : que

leur proportion est sensiblement plus grande dans les Cressons venus sur les fosses bien fumées, comme à Duvy et à Gonesse, que dans le Cresson sauvage et dans celui des cultures maigres;

Que le Cresson fleuri a ses parties herbacées moins riches en phosphates (passés dans les jeunes graines) que celles du Cresson non encore monté à fleur.

MATIÈRES SALINES en général. — Le dosage de l'ensemble des matières minérales restant après l'incinération du Cresson a été fait comparativement dans la plante verte et dans celle arrivée à la floraison. J'ai, en outre, recherché les quantités relatives : de l'iode, dans le Cresson des eaux communes et dans celui des eaux ferrugineuses; des phosphates, dans le Cresson des cultures maigres et dans des Cressonnières fortement fumées. Voici les résultats moyens de cinq dosages :

ANALYSE DES CENDRES DU CRESSON.

	Cresson vert.	Cresson fleuri.
Sels solubles	50.30	59.41
Sels insolubles	49.70	40.59
	100.00	100.00

Phosphates de fer et d'alumine..	1.85	1.60
Acide silicique	7.42	14.45
Acide chlorhydrique.	13.03	11. »
Acide sulfurique	5.24	5.27
Acide phosphorique...........	5.29	3.70
Potasse....................	41.11	42.63
Soude.....................	1.82	1.55
Chaux....................	21.16	15.03
Magnésie.	3.08	4.76
	100.00	100.00 (1).
Iode.......................	1/1000?	1/1500?

du poids des cendres.

Quant à la proportion des matières salines dans un poids donné de Cresson en herbe ou vert et de Cresson fleuri, elle est en moyenne de 5) % plus considérable dans celui-ci.

Si l'on recherche, dans le Cresson commun ou vert le rapport des cendres dans le suc et le marc on trouve qu'il faut à peu près :

250 gr. de suc pour donner 1 gr. de cendres.

100 gr. de marc   id.   1   id.

Il est inutile d'ajouter que la cendre du suc es surtout composée de sels solubles, et que cell

---

(1) J'ai été activement aidé dans ces analyses, qui datent de 1855, par M. Sarrazin, auteur d'une excellente thèse sur le *Cendres des Plantes*.

de marc l'est au contraire principalement par des sels insolubles.

La cendre du suc est très riche en iode; celle du marc ne renferme au contraire que des traces de ce corps, qui semble même ne s'y trouver qu'au prorata du suc retenu par le marc.

§ IV

APPLICATIONS DU CRESSON

Le Cresson est un aliment; de là ses usages dans l'économie domestique.

Le Cresson est un médicament; de là ses applica-cations à la médecine.

1. — Applications alimentaires du Cresson.

CRESSON CRU. — Le Cresson est surtout consommé à l'état cru. Tout le monde connaît sa sapidité fraîche et agréablement piquante. On le sert habituellement autour des viandes rôties et grillées, auxquelles il sert de condiment en même temps qu'il constitue, par lui-même, un aliment des plus sains, légèrement excitant.

Le Cresson cru est d'une digestion facile, fait qui s'explique et par la qualité excitante de la plante et par la délicatesse de ses tissus. Sous ce dernier rapport, la plante cultivée, celle surtout des cressonnières bien tenues, est infiniment préférable à la plante sauvage, plus dure, plus amère et moins piquante.

Le Cresson cru introduit dans l'alimentation la plante avec tous ses éléments constitutifs, volatils et fixes, solubles et insolubles.

CRESSON CUIT. — J'ai mangé avec beaucoup de plaisir du Cresson cuit, préparé à la manière des épinards. La plante, d'abord blanchie, puis soumise comme ces derniers à une coction suffisante, ne garde plus rien des principes de saveur piquante et dès lors a perdu les qualités excitantes de la plante crue. Le Cresson est alors un légume (dans l'acception culinaire) doux et agréable, dont l'usage ne saurait être assez répandu, et qui se recommande par divers avantages entre lesquels on peut énumérer les deux suivants, se rattachant à des considérations d'ordres d'ailleurs fort divers.

Le Cresson cuit, qu'on pourrait appeler le Cresson-Épinard, présente ce premier avantage d'être surtout abondant, et par suite à bas prix, en été, saison dans laquelle les légumes verts font défaut ou sont le plus cher.

Un autre avantage du Cresson-Épinard, par lequel celui-ci se recommande surtout aux médecins comme aliment satisfaisant à des conditions spéciales, c'est de contenir peu de sucre, et de ne renfermer que des traces de principes amylacés, composition qui doit le faire recommander dans le régime des malades affectés du diabète. On sait, en effet, que le régime végétal est contre-indiqué dans le diabète parce qu'il introduit généralement dans l'économie, soit une trop forte proportion de sucre tout formé (fruits sucrés et même fruits acides, potirons, légumes verts, épinards, etc.), soit de l'amidon que la digestion transforme en sucre (petits pois, haricots, riz, etc.)

Le Cresson - Épinard doit même être préféré à l'Oseille (contre-indiquée chez les calculeux), aussi fort peu sucrée, pour la nourriture des diabétiques.

On prépare une fort bonne purée de Cresson au café Riche, l'un des restaurants les plus renommés des boulevarts.

Le Cresson cuit a perdu, indépendamment des principes volatils azoto-sulfurés, une partie des matières solubles entrées en dissolution dans l'eau qui a servi à le blanchir. Il conserve au contraire les substances insolubles (fer et phosphore).

II — Emploi thérapeutique du Cresson

L'emploi du Cresson en médecine est aussi ancien

que les vertus attribuées à cette plante sont nombreuses. Les Romains le connurent et en firent usage. Il était en grand honneur dans la médecine arabe. Mais c'est surtout dans les temps modernes qu'il a été mieux apprécié, et plus judicieusement appliqué dans des états pathologiques mieux déterminés eux-mêmes qu'ils n'avaient pu l'être jusque-là.

Tous nos auteurs classiques se sont occupés du Cresson. Voici comment s'expriment plusieurs de ceux dont les livres sont dans les mains de tous les étudiants en médecine, en pharmacie, etc., et font justement autorité.

Ach. Richard affirme que le Cresson est le meilleur anti-scorbutique.

M. Guibourt, le très-savant auteur de *Matière médicale*, dit le Cresson excitant, diurétique et anti-scorbutique.

Mérat et de Lens s'expriment ainsi : « Le Cresson est très-employé en médecine et comme aliment ; il est éminemment dépuratif, anti-scorbutique et fondant. On le donne aux personnes qui ont des maladies de la peau, des symptômes de scorbut, des engorgements des viscères abdominaux, dont le sang est appauvri, la fibre molle, décolorée, etc. ; on le prescrit encore aux individus faibles, dont les diges-

7.

tions sont difficiles, l'appétit peu marqué; il est surtout conseillé dans les maladies de la poitrine, particulièrement contre la phthisie commençante.

Bertero (le célèbre et malheureux botaniste voyageur) rapporte qu'en Amérique, dans les Cordilières, le Cresson a, comme en France, une renommée populaire contre ces maladies. Le fait est qu'il est très-utile dans les anciens rhumes, dans certains catarrhes chroniques. Le Cresson est renommé en outre dans les maladies de la vessie, des reins, contre le calcul, depuis Galien; Swinger le préconise surtout dans la néphrite calculeuse; on le conseille aux hypocondriaques, dans la mélancolie, l'hystérie. Son suc est donné en gargarisme dans les aphthes, les angines catarrhales, etc. »

La médecine, ajoutent Mérat et de Lens, doit employer le Cresson ayant toute sa maturité (c'est-à-dire quand il a développé ses fleurs).

La thérapeutique étrangère ne fait pas moins de cas du Cresson que la médecine française. Endlicher, dont les livres, populaires dans tous les pays d'origine allemande, ont été traduits dans la plupart des langues, dit du Cresson qu'il possède à un haut point la réputation d'être anti-scorbutique, dépuratif, anti-catarrhal; et Lindley, le savant botaniste anglais, dont les traités sont aussi très consultés dans les pays anglo-saxons, le dit stimulant, doux, anti-scorbutique, etc.

Il serait facile de multiplier les citations de ce genre; mais aucune d'elles n'équivaudrait à ce que chacun sait, à ce qui est passé dans la pratique de tous les jours et de tous les pays, savoir, que le Cresson est employé avec succès pour ses qualités anti-scorbutiques, dépuratives, anti-phthisiques et catarrhales, diurétiques, digestives, fondantes, to-niques et excitantes de la fibre musculaire. M. le docteur Piedagnel, médecin de l'Hôtel-Dieu, et M. Gendrin, de l'hôpital de la Pitié, se sont spécia-lement bien trouvés du sirop de Cresson d'une source sensiblement ferro-iodée.

La composition chimique du Cresson, dans la-quelle on compte une huile essentielle sulfureuse, une autre huile à la fois sulfureuse et azotée, un principe amer, de l'iode, plus ou moins de fer et de phosphore, peut expliquer la faveur dont jouit cette plante.

Il est superflu d'ajouter que le Cresson des eaux ferro-iodées devra être recherché pour les applica-tions médicales comme possédant à un plus haut degré que le Cresson des eaux communes, les pro-priétés en raison desquelles la médecine emploie l'iode et le fer. On ne saurait donc assez engager les

personnes possédant des eaux de ce genre, à les utiliser à la formation de cressonnières dont les produits
trouveront en médecine un débouché avantageux.

Le Cresson est employé sous diverses formes médicamenteuses, savoir :

1° A l'état de suc frais; cette forme est habituellement prescrite au printemps, pendant une saison
de 15 à 30 jours, à la dose de 125 à 200 grammes
de suc prise le matin à jeun. Le suc contient tous les
principes solubles du Cresson, ses matières fixes
aussi bien que celles de nature volatile; il est surtout, donné comme tonique, dépuratif et anti-scorbutique, etc.

2° A l'état de sirop; celui-ci est préparé avec le
suc, soit à froid, soit en élevant assez la température pour coaguler l'albumine végétale. Le sirop
partage les propriétés du suc, mais plus dulcifiées;
aussi est-il employé avec avantage dans les affections
des voies respiratoires.

3° En conserve molle.

4° En conserve sèche ou saccharolée.

Quoique recommandées par des pharmacologues
distingués, ces dernières formes médicamenteuses
ne sont que bien peu admises dans la pratique. C'est
qu'elles n'ont pas d'avantages marqués sur le sirop
bien préparé, et qu'elles sont d'un emploi moins

commode que celui-ci. La préparation annoncée et vendue par des pharmaciens de Paris, sous le nom de *Sirop de Raifort iodé*, n'est autre qu'un sirop à base de Cresson commun.

5° L'extrait de Cresson. A peu près complétement privé des principes volatils, l'extrait de Cresson n'est guère plus qu'une préparation amère et tonique.

Le Cresson fait d'ailleurs partie, avec d'autres plantes de la même famille (les crucifères), de divers médicaments anti-scorbutiques à composition complexe, tels que vins, sirops composés, etc.

6° LAIT DE CRESSON. — Mais les préparations de cresson que je viens de rappeler. ne sont pas les seules que puisse utiliser la thérapeutique ; il en est encore une, le lait produit par les vaches nourries de cresson, 'à laquelle celle-ci aurait, pour des cas donnés, recours avec avantage.

Qui ne sait, en effet, que le lait participe des qualités propres aux plantes dont se nourrissent les animaux? On a eu mainte fois l'occasion de remarquer que la Moutarde blanche ou Senve (*Sinapis alba*) donne au lait des vaches, qui s'en nourrissent au commencement de l'hiver (époque où cette plante, résistant aux premières gelées, remplace la plupart des autres fourrages verts), une saveur qui rappelle celle de la Senve elle-même. Les prés salés de la

Bretagne et de la Normandie donnent un beurre fin et d'une agréable sapidité. Si le lait est trouvé délicieux sur les pâtures élevées du Mont-d'or, du Dauphiné et de la Suisse, et sans saveur dans la Brenne et les Dombes, c'est que les vaches qui le produisent, se nourrissent sur les montagnes de plantes sèches et odoriférantes, et dans les marécages d'herbes aqueuses et sans parfum. Des faits de cet ordre s'observent tous les jours; aussi peut-on dire avec vérité: tel aliment, tel lait, et cette proposition est exacte en général, non-seulement quand on la rapporte aux matières organiques de l'aliment, mais encore si on a égard aux principes minéraux associés aux éléments organiques. Il va de soi que l'absorption de la substance minérale et son assimilation au lait seront d'autant plus assurées, plus parfaites, que cette matière minérale sera, non ajoutée en mélange à l'aliment, mais déjà unie à lui naturellement.

On sait d'ailleurs que de savants médecins, MM. Labourdette et Dumesnil, ont mis à profit le fait du passage dans le lait des qualités de l'aliment, pour créer, aux environs de Rouen, un établissement important, dont les produits sont prescrits par les médecins de cette ville et par ceux de la capitale. Veut-on donner à des malades d'un tempérament déli-

cat, à des enfants, des iodures, des mercuriaux, etc.,
dont l'action énergique pourrait être une cause d'ir-
ritation et par suite, de non-assimilation, on fait
passer, avec la nourriture, ces médicaments dans
le lait, et dès lors, ils peuvent être administrés avec
toute sécurité, ayant perdu leur action trop vive et
parfois toxique, pour revêtir un caractère de tolérance entièrement favovorable à l'absorption et à
l'assimilation de la substance médicamenteuse.

En beaucoup de cas d'ailleurs, les médecins ont
obtenu directement par la femme, ce que MM. Labourdette et Dumesnil demandaient aux animaux,
vaches, chèvres, etc., c'est-à-dire que, voulant trai-
ter certains sujets de certaines maladies, et par de
certains médicaments, ils ont donné pour véhicule à
ces derniers le lait même de la nourrice, soumise,
dans ce but, à un régime médicamenteux approprié.

Ce que nous voudrions donc, serait qu'on donnât,
dans les cas où le Cresson est reconnu utile, mais
pourrait être écarté en raison de sa qualité âcre et
excitante, le lait même d'animaux nourris de cette
plante. Ce que je puis assurer *de gustu*, c'est que le
lait des vaches nourries de Cresson (mêlé de paille
ou de foin pour corriger la texture trop aqueuse de
celui-ci) participe, à un degré très-appréciable, de
l'arome et surtout de la saveur du Cresson. Tels

sont ces attributs du lait qu'on peut y reconnaître
le Cresson sans hésitation aucune à la première
dégustation et même à l'odeur.

Résumons tout cet article en disant que l'emploi
du lait d'animaux nourris de Cresson (ou tout sim-
plement de *lait de Cresson*) peut former, dans des cas
donnés, la base d'un traitement anti-scorbutique,
anti-catharral, etc., dont la thérapeutique est appe-
lée à tirer de sérieux avantages. Inutile d'ajouter
que les ânesses et les chèvres pourront fournir,
aussi bien que les vaches, le lait de Cresson, et que
la plante des sources ferro-iodées sera préférée.

Je termine ce qui a rapport à la thérapeutique du
Cresson en rapportant une cure dont j'ai été témoin
il y a une dizaine d'années, alors que je réunissais
les matériaux du travail que je livre aujourd'hui à
l'impression. Un habitant de Gonesse, le nommé
G..., atteint depuis longues années d'une dartre re-
belle, avec exacerbations périodiques à chaque printemps, a été guéri radicalement par l'usage du suc
de Cresson, pris à la dose de 200 grammes le matin
pendant les mois d'avril et de mai 1853.

TABLE MÉTHODIQUE DES MATIÈRES

§ III

DONNÉES CHIMIQUES SUR LE CRESSON

§ IV

APPLICATIONS DU CRESSON

VERSAILLES. — IMPRIMERIE CERF, 59, RUE DU PLESSIS.

104

www.ingramcontent.com/pod-product-compliance
Lightning Source LLC
Chambersburg PA
CBHW072312210326
41519CB00057B/4872